MAEDA
CORPORATION
FANTASY
MARKETING
DEPARTMENT

BOOK DESIGN
BY
JUN KAWANA
(PRI GRAPHICS INC.)

COVER PHOTO
BY
MASAHIRO TAMURA

COVER RETOUCH & CG
BY
MACH 55 GO!

COSTUME DESIGN
BY
RIE NOGUCHI

前田建設ファンタジー営業部

前田建設工業株式会社　著

まえがき

「実は弊社ではインターネットの公式サイトで『ファンタジー営業部』という連載企画をしておりまして、TVやマンガに出てくる空想上の構造物を実際に設計して見積もりまで出してみようというものなんですが、今回はその中で技術的にどうしても私どもではわからない部分についておうかがいしたく参りました」

こう切り出した後、よその会社さんの専門家とアニメの画像や設定資料の図版を挟んでああでもないこうでもないと熱い議論を交わす、ということをやってきました。

当初この企画は、ゼネコンと言えば悪いイメージだけが独り歩きしがちのためそれをなんとかしよう、また建設会社の技術をもっとアピールしよう、という狙いでスタートしました。しかし検討を進めてゆくうちに、当社だけではカバーしきれない部分がどうしても出てきて、他業界の専門家にお尋ねしながら進めるようになりました。そこから段々と「異業種間をつなぐことの面白さ」という新たな展開が見えてきたのですが、ちょうどその転換期にこの銀河鉄道999編は生まれました。だから、ここには両方の特長が含まれています。

このように話を持ちかけられた皆様にしてみれば、ファンタジー営業部なんて突飛な話ですし、ビジネスとして利益が返ってくる訳ではないし、単なる図々しい相談事だったと思います。幸いにも、「面白いだけで何の役にも立たないことをやってますね」と正論で斬られたことはありませんでした（言い出しにくかっただけかも？）。ありがたいことです。逆にこちらが恐縮するくらいの熱意で問題解決に向けて貴重な知識と経験を惜しみなく出してご協力いただいたことは、感謝の念に堪えません。そのお陰で、より幅広くリアルな検討を行うことができました。

そしてもちろん建設という仕事そのものの魅力も、十分に盛り込んだつもりです。我々が具体的にどんな仕事をしていて、何に知恵を絞っているのか。社内の専門家へのヒアリング数は前作を遥かに上回り、前田建設の総力を結集してこの無理難題なプロジェクトに取り組みました。そう、今回のテーマとした高架橋というのは現代の建設技術のちょっと上を行っていたので、壁にぶつかることがしばしばでした。今月はどうしてもこの課題は解決しなかったから来月に先送りしてその間に考える、というやりくりをしながら多くの助けを得てなんとか最後まで漕ぎ着けた、そんな想い出深いプロジェクトです。

今回、この銀河鉄道９９９編を書籍という形にすることができたのは、幸甚の至りです。改めて当時を振り返りながらＷｅｂ版では書き足りなかったことを加えたり、結論に到る流れを整理したりしました。特にパソコンの画面ではスクロールが異常に長くて読みにくかった点は書籍だと気にしなくてよいので、取っつきの良いものになったと思います。今

まで以上に多くの皆様の目に触れ楽しんでいただけたら嬉しいです。

最後に。この本は前作に続き、さらに韓国語版も発刊されます。当時漠然と持っていた、一つの夢に向かう気持ちは必ず人の心を動かすという仮説は、言葉の壁をも超えてお互いのプロフェッショナルな面を融合できるという確信に膨らんできています。日本だけでなく韓国や他の国の技術者の魂に火が点けられれば、地球規模の建設でも可能になることでしょう。軌道エレベーター、地底特急、海上都市、それらを実現するのは地上最強のプロフェッショナル集団のはずです。

そしてその一員となるのは今この本を手にしているあなたかもしれません。

平成19年7月
前田建設ファンタジー営業部一同

まえがき ……003

プロローグ ……011

PART.1 銀河鉄道に賭けろ

1 Project 02 始動 ……018
[作品紹介] 銀河鉄道999 ……022

PART.2 未来への贈り物

1 名場面、あの場面 ……024
2 機能・打ち上げ装置? ……029
3 角度と高さを決めよう ……034
[COLUMN.1]「発車台」? それとも「発射台」? ……043

PART.3 超スペック大追跡

1 飾りの部分はプレキャストで………046
2 橋脚はREED工法で………052
3 材料にも一工夫………055
4 上部工はレール命………056

PART.4 前田建設の大冒険

1 橋にかかる力とその組み合わせについて………062
2 風の力は高い構造物では無視できない………068
3 REED工法の施工方法について………071

PART.5 難問、上を行く

1 なにげない発端………076
2 難問1・振動の対策………079
3 難問2・座屈の対策………087

PART.6 2本のレールの行方

1 遠くない未来 …… 094
2 橋の種類 …… 096
3 オーソドックスに桁橋で計算した場合 …… 099

PART.7 タイトロープを狙え

1 綱渡りにできるの？ …… 106
2 今ある桁をとにかくスリム化させてみよう …… 110
3 ちょっと無理して良い材料を使ってみよう …… 112
[COLUMN.2] このプロジェクトを行うにあたってのルールを決めました …… 118

PART.8 スペックアンサー

1 機械グループへ …… 122
2 クレーンのスペックは …… 124
3 吊り荷の位置決め方法 …… 129
4 助っ人参上、スケッと解決 …… 131

[番外編] この人に聞く①
関東支店　日比谷共同溝作業所　統括所長　前田真
1 吊り荷の姿勢制御を実際に行っている現場へ
2 現場で実際に吊っているところを見学……
[COLUMN.3] 日比谷共同溝工事……

PART.9 重要機構は造れるか
1 これまでのことを補足・整理してみよう
2 アクティブ・マス・ダンパーの知恵袋
3 三菱重工さんへ
4 全部の橋脚にアクティブ・マス・ダンパーは必要？
5 アクティブ・マス・ダンパーの積算に補助電源装置の費用は必要？

[番外編] この人に聞く②
東日本旅客鉄道株式会社　建設工事部　部長　構造技術センター所長　石橋忠良さん
1 高強度鋼材を使うことについて
2 長尺レールの実現性
3 橋脚にアクティブ・マス・ダンパーを使うアイデアについて

139 141 147　150 155 158 164 168　173 177 181

PART.10 追いつめられたファンタジー営業部

1 アクティブ・マス・ダンパーの見積もり ……186
2 下部工の最終案 ……193
3 下部工の見積もり ……199
4 下部工の工期 ……201
5 上部工の最終案 ……204
6 上部工の積算 ……209
[COLUMN.4] ストーンカッターズ橋、世界最大の斜張橋 ……215

エピローグ ……217
今回のプロジェクトでは入札方法が変わりました~総合評価方式 ……223

あとがき ……225

PROLOGUE
プロローグ

B主任

私の名はA部長。前田建設という総合建設会社に勤めている。いわゆるゼネコンの土木エンジニアとして大規模建設プロジェクトにかかわり30年を過ごしてきた。そして今、私が携わっている仕事は、世間一般で考えるゼネコンでの仕事とは、似ているようで似ていないようで、似ている。なんにせよ一筋縄ではいかないことなのだ。会社が創立して以来60年、初めての特命業務といわれるこの仕事を詳しくつきあってもらうにはちょうどいい話かもしれない。もちろんコーヒーもこの話も甘くない。るのだが、こんな陽射しの明るい朝にアメリカンを飲みながら

部長、おはようさんです。さっきから新聞読みながら何をブツブツ喋っとられるんですか？

今、出社してきた彼はB主任。私同様に去年からこの部署へ配属された。ずっと土木畑を歩いてきた彼にとって、この仕事はあまりに風変わりで苛酷なものに映っているはずだ。だが彼はこれまで驚くほどの順応力で対応してきている。おまけに、

プロローグ

B主任
褒められとるんかな、それ。

アフロヘアだ。

C主任
話を戻して我々の仕事の説明をしよう。結論から先に言ってしまえば、空想世界における建造物を受注してきているのだ。あちらの世界にはこの世では想像もつかないほどのビッグプロジェクトがまだゴマンと控えている。しかもそのどれもが超がつくほどの難工事ときている。各種の基地や大型格納庫、超高速移動の交通網や奇妙な形の高層建築などが地中・水中・空中を問わずに造られている。あちらの世界とはそんなところなのだ。そしてその仕事の検討、見積もりによって営業活動をしている我々は、誰がつけたか人呼んでファンタジー営業部。

おはようございます。あっ部長、こっちの机の資料は今日すぐに片付けますから。

彼はC主任。我々のメンバーの中では唯一建築の出身だ。机は汚いがデータの収集・分析能力は人一倍だ。仕事の内容と関係なく、いつもヘルメットをかぶっている。本人いわく、ジャコビニ流星群の年に生まれたから当たらないように親がかぶせてくれたそうだが、計算が合わない。

C主任 B主任、部長は何を喋ってるんですか？
B主任 さっきからずっとああなんよ。
C主任 オヤしまった。こっちの机にまで本がなだれ込んでましたよ。

おっと、そこは空想世界対話装置がある机じゃないか。最近ちょっと見かけないと思っていたらそんなところに埋もれていたらしい。空想世界の仕事をどうやってとってくるかというと、我々の顧客はまずこの機械を通じて依頼をしてくる。見かけはただの黒電話だが、中には小型精密機械がギッシリ詰まっており、その魔法のような機能を可能にしているのだ。どういう原理か私には全くわからないが一つだけ確かなのは、このファンタジー営業部にかかわるすべては、この機械を当社が発明したことから始まったということだ。外見がレトロなせいか、今のところちょっと昔の発注者からかかってくることが多い。例えばこの間は、昭和40年代から光子力研究所という機関の所長が仕事を依頼してきた。一旦こちらへかけてきた相手にはこちらからもかけることができるようになるらしい。どこの誰にでも繋げられるわけではないようだ。誰かにかけたくて興味津々だった若い部下たちはそれを知ってガッカリしていた。しかし落胆したのは彼らだけではない。実は私も空想世界にはいちど話をしてみたい人物が何人かいるのだ。しかしそれには、いつか向こうか

プロローグ

D職員

わーっ！　すみません遅刻っ？

最後に入ってきた彼は、D職員。この異端の集団が設立された際に、新入社員でありながらいきなりその一員として加わった。何ごとにも恐れず体当たりしている。世代的に若いはずだが、昔のことをよく知っている。そう、先ほど出てきた我々の第1弾で手がけた物件であった「マジンガーZ　汚水処理場型地下格納庫」などとは、彼にとっては既に知識上の話でしかないはずだ。彼の世代では、ロボットといえば巨大な物で、人が乗り込んで操縦するのは既に当たり前のこととして認識されている。我々はロボットといえば外部からリモコン操作する鉄人28号や自律して活動する鉄腕アトムのイメージで育ってきているから未来が近づいてきている実感があるが、彼らが彼らの世代の夢を実現してゆくのはまだ先のことかもしれない。そんな新しい世代の彼が、どこのゼネコンにもこういった空想世界対話装置とファンタジー営業部があってこういう仕事をしているものだと誤解をしていないか、上司としてはそれが一番心配だ。

らかけてきてくれることを祈るしかなさそうだ。いや、それ以前に時代劇の中に電話は出てこないから、この機械へかけてこられるのだろうか。それが問題だ。

マエダケンセツファンタジーエイキョウブ

B主任 遅刻したら罰金百万円やで。
D職員 ぎりぎりセーフですよ。
C主任 Dくん今日、朝礼当番じゃないの?
D職員 うわっ、本当だ！
B主任 部長っ、急いで行かな遅れますよ。

　私の話もここまでのようだ。さあ、今日もファンタジーな一日が始まる。我々の存在が現実なのか架空なのか、それは皆さんの判断に任せるとしよう。ちなみに前田建設は実在する。

PART.1
銀河鉄道に賭けろ

1 Project 02 始動

ファンタジー営業部、月曜の朝。A部長、B主任、D職員次々出社。C主任はすでにデスクに。

A部長 おはようっ。

B主任 おはようさん。

D職員 おはようございまーす。C主任が一番乗りなんて珍しいですね。

C主任 おはよう。昨日のモニター工事が無事に終わったか、試してるんだよ。

D職員 あ、例の空想世界対話装置をTV電話にするっていうあれですか。一気に進歩しましたよね。

B主任 これでもう誰かさんが弓教授をボヤッキーと間違う心配もなくなったっちゅうわけや。

C主任 ……すみません。

D職員 まあ僕らの客先は紛らわしい場合が多いからね。今度は相手の顔が見えるから、もう大丈夫。

B主任 そやで。兜甲児くんがかけてきても、ジャッキー・チェンはんと間違う心配はない

PART.1 銀河鉄道に賭けろ

C主任 👷 ジャッキーは実在するから、空想世界対話装置へかけてこないんじゃないですか？
B主任 👷 うわCくん、人が珍しく博識ぶりを披露できたっちゅうのに、マジでつっこみよった。
C主任 👷 ジリリリリン、ジリリリリン……
D職員 👦 えぇっ、早速鳴りましたよ！
B主任 👷 ベルの音はレトロ調のままかい！
D職員 👦 はい！ もしもし。前田建設ファンタジー営業部です。
C主任 👷 変だな。せっかくの画面なのに、なにも見えないよ。暗いまんまだ。
B主任 👷 おかしいで。故障ちゃうんかい。叩いてみよか。
A部長 👴 いや、黒に青みがかかってきたぞ。だんだん光の粒が増えてきて……星みたいだな。
B主任 👷 渦を巻き始めた……星雲？……これは、まさか！
謎の声 📞 コチラハ銀河鉄道株式会社建設局めいんこんぴゅーたー。ふぁんたじー営業部、聞コエマスカ？
D職員 👦 は？ はいっ、きっ聞こえます。
B主任 👷 ……コンピューターが回線へ直に繋いだら、顔が出ないやないかい！

（※1）兜甲児くんがかけてきても、ジャッキー・チェンはんと間違う心配はないっちゅこっちゃ……ジャッキー・チェンさんの日本語吹き替えの声は兜甲児役の石丸博也氏がアテておられます。

019

全員
バンザーイ、バンザーイ！

A部長 😊
え〜静粛に。ファンタジー営業部の第2弾物件は、銀河超特急999号が地球から発車する際の高架橋となりました！

D職員 😊
あの有名な、途中で切れちゃうヤツですね。鉄郎が「あっ、レールが無い！」って

営業情報速報	
入手日	2003.10.17
支店名	本店　ファンタジー営業部　担当者：A部長
発注者	銀河鉄道株式会社　建設局
顧客区分	民間　　業種：運輸業　旅客鉄道
工事名	（仮称）メガロポリス中央ステーション 銀河超特急999号発着用高架橋 （基礎および上下部）工事
工事場所	メガロポリス
備考	銀河鉄道株式会社敷地内
工種	橋脚上下部工
設計者	前田建設工業（株）
入札区分	一般競争　総合評価方式
新技術	各種RCプレキャスト工法等の適用を検討

C主任 😊
A部長 😊
B主任 😊
D職員 😊

叫ぶ。

第1弾の成果から、徐々に空想世界でも我々の知名度が高まりつつある感じですね。

しかし私の勘では前回よりもむしろ厳しい案件になると思う。みんな心して取りかかってくれ。

よっしゃ、部長！ 今回はうちらファンタジー営業部とちゃいますで。エターナル・ファンタジー営業部ですわ。未来をよろしく！

そんなネタ、映画版第3作を知らなきゃわからないのに……今回は妙にノッてますね、B主任!?

しかしこの後、予想外の困難なスペックにいきなり苦戦を強いられることになろうとは思いもよらないファンタジー営業部員たちであった。こんな調子で見積もりなど出せるのか？？？

今、万感の想いを込めて汽車が行く。

そう、この橋（TVシリーズ第1話より）

『銀河鉄道999』

　松本零士先生の代表作のひとつ。漫画で大人気を得たあと、TVシリーズ化、映画化と幅広く展開。主な作品としては、以下があります。

TVシリーズ『銀河鉄道999』1978年9月〜1981年3月、全113話
映画版『銀河鉄道999』1979年8月公開
映画版『さよなら銀河鉄道999〜アンドロメダ終着駅〜』1981年8月公開
映画版『銀河鉄道999〜エターナル・ファンタジー〜』1998年3月公開

　西暦2221年、機械の体を持つ人々が支配する世界を舞台に、地球人の少年・星野鉄郎が機械の体をただでくれる星を目指し謎の美女・メーテルと共に銀河鉄道999（スリーナイン）で数々の惑星を巡るストーリー。永遠の命をテーマにし、さまざまな悩みや魅力を持った人々に接することで一人の少年が成長してゆく姿を描いた作品。

©松本零士・東映アニメーションAll rights reserved

PART.2
未来への贈り物

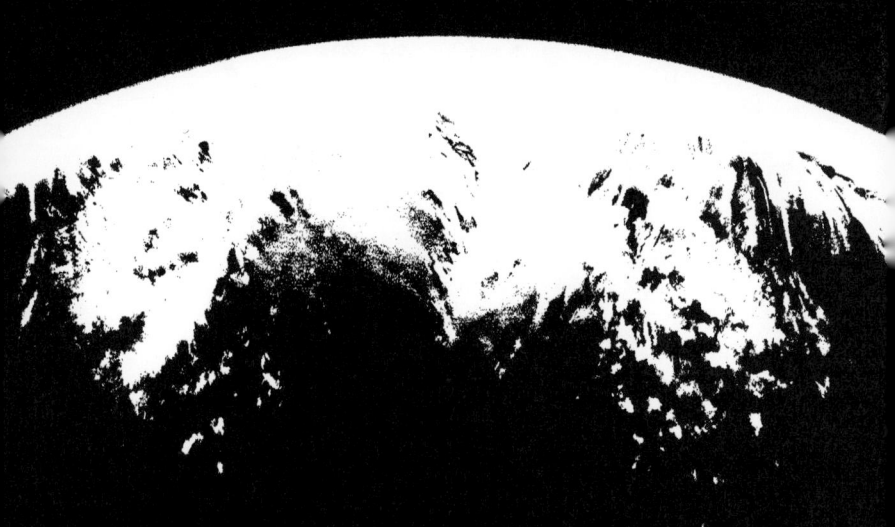

1 名場面、あの場面

ファンタジー営業部、A部長、B主任、C主任、D職員打ち合わせ中。

B主任　はぁ〜〜〜。

D職員　(小声で) B主任、珍しく遠い目。なんかあったんですか?

C主任　(小声で) この機会に何でも空想世界対話装置でメーテルと話がしたかったらしい。

D職員　気持ちは分かりますけど、線路は別にメーテルが造ったわけじゃないし。

C主任　まあそうなんだけど、昔からファン以上の愛情を燃やしていたB主任の気持ちとしてはね。

D職員　(横目でB主任を捉えながら) そうだったんですか?

C主任　(怪訝そうに) 結婚するつもりだったらしい。

D職員　いくら女神のようなメーテルさんでも、許容範囲はあるでしょう!

B主任の初恋の人・メーテル (でもB主任の奥さんは丸顔)。映画版第2作『さよなら銀河鉄道999』より

PART.2 未来への贈り物

B 主任 😀
C 主任 😀
D 職員 😀
A 部長 😀
D 職員 😀

B 自分ら、途中から丸聞こえやで。初恋の人は同窓会で会わんほうがええのんや。

C あ、自分を無理矢理、納得させてる。

D それは齢（よわい）を重ねてしまう、こちらの世界だけの話でしょ。相手は時の流れを旅する女ですよ。

A さあさあ。早速決めてゆかないといけないことが盛り沢山だぞ。資料はビデオを渡されたけど、前回同様、必要な細かい条件・品質に関してはこちらで決めないとな。

D 映像だけでもいろいろありますね。TVシリーズ、映画版、映画版の第2作……TVシリーズしか見たことないや。

【現在入手可能なコミックス】
●『銀河鉄道999』少年画報社文庫
　全12巻／各620円／少年画報社
●新装丁版『銀河鉄道999』ビッグコミックスゴールド
　1巻〜21巻《以下続刊》／各580円／小学館

【現在入手可能なDVD】
●TVシリーズ『銀河鉄道999 COMPLETE DVD-BOX』
　全6巻／各26,040円（1巻のみ20,790円）／東映アニメーション、エイベックス
●TVシリーズ廉価版『銀河鉄道999 TV Animation』
　全29巻／各3,990円／エイベックス
●劇場版第1作『銀河鉄道999』
　4,725円／東映ビデオ
●劇場版第2作『さよなら銀河鉄道999〜アンドロメダ終着駅〜』
　4,725円／東映ビデオ
●劇場版第3作『銀河鉄道999 〜エターナル・ファンタジー〜』
　4,725円／東映ビデオ

【番外編】
●OVA『メーテルレジェンド 交響詩 宿命』
　4,935円／エイベックス
●TVシリーズ『宇宙交響詩（Space Symphony）メーテル 〜銀河鉄道999外伝〜』
　全6巻／各4,935円（6巻のみ5,985円）／エイベックス

※価格はすべて税込み

B主任 世代の差やね。うちらは映画版、学校でクラス中、見てないもんおらんかったくらいやで。

C主任 そうそう、親に連れてってもらうんじゃなくって、友達同士で行った初めての映画だったなあ。

A部長 とりあえず見てみるか。

――ビデオ鑑賞中につき、しばらくお待ちください――

B主任 あかん、泣いてもうた。

D職員 （ニヤけながら）条件が厳しくてですか？

B主任 ……意外と意地悪いやっちゃなあ。

C主任 やはり各作品ごとに違いがありますね。どれを基本とするかですが、とりあえず『エターナル・ファンタジー』、これには地球の発車用線路は出てきてませんから除外してもいいですね。

D職員 空中を走ってる999に「吊り上げられて」ましたね、鉄郎。そのまま停車せず宇宙へ飛んでってしまってたから参考になる部分が出てこないです。他の惑星は重力や気候条件が違うだろうからあまり参考にできないし。

C主任 映画版第2作の『さよなら銀河鉄道999』は？

PART.2 未来への贈り物

B主任: (ハナをかみながら) あれは壊れるところしか映ってへんかったんちゃう? TVシリーズの第1話「出発(たびだち)のバラード」は如何(いかん)せん乗るまでがバタバタで、乗ってからは一瞬やったし。映画版の第1作が一番参考になるんちゃうん? TVシリーズの出発シーンがあんなに短かったとはビックリだなあ。あの発車するときの線路のシーンは印象に強いんだけど……映画版はさっき言った通りで見てないのになんでだろう。

D職員: それは始めの歌で、毎週いっつも線路の絵が出てるからとちゃうの?

B主任: そうだ! それです!

D部長: となるとTVシリーズのそのシーンは外しては考えられないということかな。

A部長: では映画版第1作をメインにスペックを拾うことにしましょう。足りない部分を第2作とTVシリーズから補って。あと、TVシリーズと映画版第1作ではメガロポリスの駅舎が全然変わってるんですけど、それはどうしましょう?

C主任: 今回発注を請けているのは高架橋だけだから、それは考えなくて大丈夫。

A部長: 具体的には?

C主任: 『さよなら銀河鉄道999』でお爺さんがポイント切り替えたあそこから。

D職員: 老パルチザンが言い残した通り、掘削を開始したら本当に「赤い血が流れ出す」[※1]ことになったら、どうしましょうか?

TVシリーズ（上）はレトロだけど、映画版第1作（下）は未来的な駅舎です

PART.2 未来への贈り物

2 機能・打ち上げ装置？

C主任 👷 さて次はどんな機能が必要か、だけど。

B主任 🧑 未来ってことなら登坂にリニアモーター（※2）くらい使ってても不思議はないわな。車輪が付いてたって、推進力にリニアを使っている例は既に地下鉄にあるしね。都営地下鉄大江戸線とか。

A部長 🧑 あの～リニアモーターで思い出しましたけど、リニアを使うとすれば、線形的にもすごい似てるし、「マス・ドライバー」として造られるかもしれませんね。

D職員 🧒 マスド？（C主任の顔を見て）って何？

B主任 🧑 「マス」で切ってください。SFの世界で考えられている宇宙船の発射台です。形そのものは今回の線路と確かに似てますが、走行路にリニアモーターのコイルが付いていて、電磁力で加速させて物を宇宙へ打ち上げる装置です。

（※1）「赤い血が流れ出す」……映画版第2作『さよなら銀河鉄道999』で老パルチザンが身を挺して999を発車させたときに残した最期のセリフ「鉄郎、いつかおまえが戻ってきて地球を取り戻したとき、大地を掘り返したらわしらの赤い血が流れ出すだろう。ここは我々の星だ。我々の大地だ。その赤い血を見るまでは、死ぬなよ」より。この作品で最初の泣かせ所。
（※2）リニアモーター……磁極のNとSの引き付け合う力で車体を引っ張って加速させる推進方法。さらに磁力で車体を浮き上がらせると地面との摩擦が低減され、超高速が出しやすくなります。JR東海で研究開発中のリニアモーターカーが有名です。

B主任 🛠️ それってスゴイことなん？

C主任 🛠️ 宇宙へ飛び出して落ちてこないようにするためには第一宇宙速度（約7・9km／毎秒）、さらに地球の重力圏から離脱するには第二宇宙速度（約11・2km／毎秒）と呼ばれるものすごいスピードを持ってないといけないんです。そうじゃないと遠心力が地球の重力に勝たないから。今のロケットは積んでる燃料自体が重いから、加速効率はすごく悪くなりますよね。そこで、外から力をかけて加速させてやる装置があれば、ずっと重い物を宇宙へ飛ばせるようになるっていう発想なんです。だからマス（※3）・ドライバーっていう名前がついてるんです。

D職員 👤 一般に有名になったのはガンダムシリーズに出てきてからじゃないですかね。でも『Vガンダム』（※4）の頃ですらまだ「全人類の宝」っていわれてるくらいですから、実際に造るとなると……。

C主任 🛠️「ですら」って！ 要するにそれは今の航空宇宙技術じゃ無理なんやね。ちなみにあと、999の場合は火星とかタイタンとか太陽系の他の星でいっぱい停車してますんで、それは考えなくて良いでしょう。

A部長 👤 それで、今回の999の発車レールはそのリニアモーター駆動を搭載しないといけないのか？

C主任 🛠️ いや止めましょう。マス・ドライバーはとにかく猛烈に加速するのが目的の装置で

PART.2 未来への贈り物

B主任: すから、鉄郎やメーテルがせっかくの旅立ちにあたって情緒ある会話もしてられないし、まして窓から顔を出して「レールが無い！」とか言ってられなくなりますから。

A部長: 宇宙でも窓から顔を出してるけどな、彼は。

A部長: 私もマス・ドライバー不採用に賛成だな。やはり情緒のある旅立ちにすることも発注者の要求品質と見るべきだろう。ところで、映画第1作のラストシーンを見ると、レールが微妙に波打ってるね。

D職員: 何ですかね、これ？

A部長: 蒸気機関車など昔の列車は力が弱かったり、車輪とレールの粘着力が不足したりして、上り坂で一度止まってしまうと再び発車できないことが多かったんだ。だから坂の途中に駅を造る場合はわざわざ途中に平らなところ(※6)を造っておいたんだ

(※3) マス……mass。多数、多量、質量の意。
(※4) Vガンダム……地球上のマス・ドライバーは『Vガンダム』アーティ・ジブラルタルのもの他、『Xガンダム』『∀ガンダム』『ガンダムSEED』などにも登場。
(※5) 第三宇宙速度……第二宇宙速度で地球の重力から解き放たれた次は、質量が地球の約33万倍といわれる太陽の重力に引かれ、今度は太陽を中心とした軌道を回り始めます。これを振り切るために必要な速度が第三宇宙速度（約16.7km/毎秒）です。999は途中で火星に停まったりしているので、地球を発車する際に第三宇宙速度まで加速する必要はないと考えられます。
(※6) 途中に平らなところ……勾配を緩めたり、列車が走向を前後反転しながらジグザグに登る（スイッチバック：JR四国土讃線新改駅など）を設けたりします。

D 職員　けど、これもそんなところじゃないかな。猛烈に角度は急だけど。

C 主任　なるほど。でも999って最後は自分の力で飛ぶんですよね？　だったら線路って要らないんじゃないんですか？　他の星ではふわっと停まったりしてますし。

B 主任　他の星の話はし始めるとキリがないよ。条件が違いすぎる。

C 主任　言うても地球のあれは『さよなら銀河鉄道999』を見る限り、999が通ると重みでバリバリッと壊れとるからね。荷重はかかっとるのやろ。自力で飛ぶんは最後の最後なんとちゃうん？　そうだ。この壊れてるときに鉄筋が飛び出してるのが見えるんですよね。鉄筋コンクリート製なんですよ！　子供の頃、映画館で見ててそう思ったもの。

D 職員　よく見てますね、子供なのにそんなこと。

C 主任　劇場で2回連続で見たからね。しかし、あの線路は発車するときだけ必要なんでしょうか？

映画版第1作のラストシーンより

PART.2 未来への贈り物

B主任:TVシリーズ第2話「火星の赤い風」やと火星に到着のとき、レールに乗って降りとるけどな。

C主任:他の星の話は重力とか温度とか大気組成とかの条件が違いすぎるんで、地球上の話だけに絞りましょう。

B主任:火星くらいはええんちゃう? 実在するんやし、お隣の星で探査したこともあるくらいやし。全く知らん星っちゅうわけやないやろ。

C主任:確かに想像が及ぶ範囲ではありますね。その次の停車駅、土星の衛星タイタンになるともう推測だらけで手が届かなくなってしまいますが。

D職員:確か、地球でも着陸に使っていたシーンがあったと思うんですけどね。

B主任:そんな気もするな。ほんなら打ち上げ台として必要な機能っちゅうのは考えんでよろしいがな。全く個人的な意見を言わしてもらえば、あれは航路みたいなもんやと思ってたけどな。

C主任:航路?

B主任:いろいろな銀河超特急が離発着しと

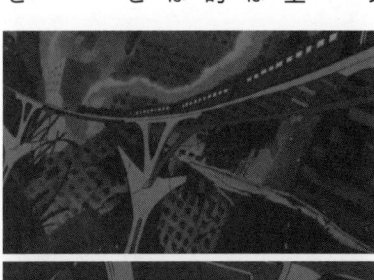

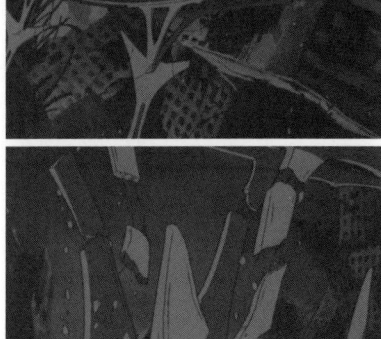

映画版第2作『さよなら銀河鉄道999』で壊れる橋脚

A部長　るわけやん、その航路。ビルの間走っとるしな、ぶつからん高さまで行ったらあとは好きに走ってもらったらよろしいがな。

前田が造るからには安全サイドで考えよう。例えば999が重大な故障を抱えて地球までたどり着いたとき、レールに着輪し、そこで飛行装置がネをあげたとする。荷重がかかったとたんパリン、グシャンじゃ許されないぞ。着陸にも使用し、かつ999の荷重もかかるとすべきだね。

3 角度と高さを決めよう

引き続きスペック討議中。

A部長　さて、それじゃあ大きさの話をしよう。
B主任　橋脚がスリムやからスラッと高ーく見えるわな。あの意匠（※7）がミソなんやろね。
C主任　今回の物件では、あの「美しく繊細な意匠の実現を最優先すべき」に私も同意見です。
A部長　次に高さはいくつかという問題だが……これは角度にもよるな。

PART.2 未来への贈り物

D 職員　勾配角度はTVシリーズのオープニングの真横から見た場面が一番はっきりしています！

B 主任　それは重要、重要。

A 部長　Dくん。ビデオ巻き戻して画面上で角度を測ってみてくれるか。あとは……走ってる時間がわかれば実際のC62型機関車の速度からレールの長さがわかるから、高さも割り出せるな。

B 主任　部長、それがさっき話してましたけどTVシリーズでは1分くらいのもんですわ。映画版第1作だとそれより長いけど、それでもせいぜい1分半ちゅうところです。これはアニメ特有の主観的な時間の流れの表現とかで、実際の時間の流れとは別に、鉄郎の中やと1分に感じられたり1分半やったりするっちゅう捉え方になっとるんとちゃいます？

A 部長　そうか、それじゃ意味がないな。確かに1分半だとたいした距離は走らないよ、上り勾配だし。

C 主任　（B主任へ）さっきから聞いてるとA部長って鉄道の話、妙に詳しくないですか？

TVシリーズ第1話の離陸シーン

（※7）意匠……デザインのこと

B主任 知らんかった？ A部長はメチャメチャ鉄チャン（※8）なんやで。

D職員 線路の角度、出ました。20度です。

C主任 うわぁ、やっぱり普通の鉄道の勾配じゃないなあ。

D職員 普通はどのくらいなんですか？

A部長 大まかに言って3度くらいでもう十分急勾配だよ。

C主任 列車側のスペックから線路のことを推測するのはなかなか厳しそうですね。

A部長 うーん残念。

B主任 あら部長のけぞってもうたで。部長、もう出番終わりですか？

A部長 また汽車の話になったら加わるよ。

C主任 角度が決まっているなら、高さがわかれば大きさも決まるんだけど。

D職員 勾配が緩やかに波打ってるのは？

C主任 それは概算見積もりの段階では考えないで検討を進めよう。正直言って角度変化は推定の根拠に乏しいし、数量的にも大きな変化がないようなので、銀河鉄道さんには一度シンプルな物件で大枠を理解してもらい、その後、詳細設計の指示をもらおうよ。

（※8）鉄チャン……重度の鉄道ファン。例えば「ブルーリボン賞」と聞いて、多くの方は映画の賞を連想されるかと思うが、この人は「ああ、あの車両は派手で一般受けしそうだからね」などと"鉄道友の会の賞"を思い浮かべる。当然ながら鉄筋のD51（直径51㎜の鉄筋）を指差して「そこのC.62、あ違ったD51」というギャグで笑ってくれる後輩技術者の評価は甘くなる。

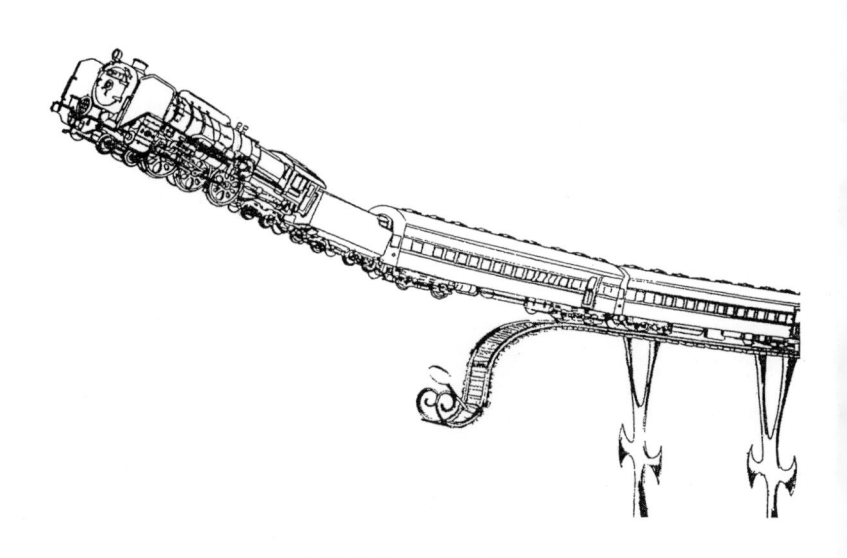

銀河鉄道株式会社さんのご指示や如何に?

B主任　高さねえ。この二股が一度くっついてまた二股になってるところ、ここらあたりまでなら線路の幅から高さわかるんちゃう?

C主任　ゲージ(※9)は確かに目安になりますね。

B主任　A部長、C62のゲージはなんぼですか?

A部長　C62だけじゃなくて、国鉄からJRに至る在来線は皆1067mmだよ。

B主任　はははは、急に振ったのにおおきにありがとさんです。

C主任　だとすると、えーとここまでで約10mですね。そっから下が問題だ。

D職員　えっ???? 下ってどこですか?

B主任　Dくん、なんやようさんハテナマーク出よったで。下っちゅうたら地面やん。

D職員　だってメガロポリスって超高層ビル群の都市で、下層の光の当たらないところに生身の体の人間が住んでるっていう設定ですよ。まさか土台がそこにあってそこから高さを上げないといけないってことはないですよね。

TVシリーズ(上)でも映画版第1作(下)でもホームまではエスカレーター

PART.2 未来への贈り物

C主任 光も届かないくらい下か。それは難しいなあ。ホームの高さが人工地盤でいいんじゃないか？まあ、999のあの99番ホームも鉄郎とメーテルがエスカレーター上って到着してるから、駅の入り口からは数階上にはなってるんだろうけどね。3階分くらいは上がってるんじゃないの？

D職員 そっか。

C主任 部長、そのへん発注者さんへ空想世界対話装置で話して確認していただけますか？

A部長 これまで通りの客先、土木技術者相手ならいいんだが、どうもあの人、苦手なんだよな。

B主任 人ちゃいますやん、コンピューターですやん。

C主任 えっと、話を戻すとどのくらいの高さになるでしょう。周りのビルと比較してみるっちゅうのはどうや。やっぱビル群の頭を抜けてパーツと大空へ飛び出すっちゅうのがイメージやん。やったらビルよりも高うないとあかんわ。

B主任 ビルの高さもわからないんですよ。ものすごい高さのビルっぽいっていうのは伝わ

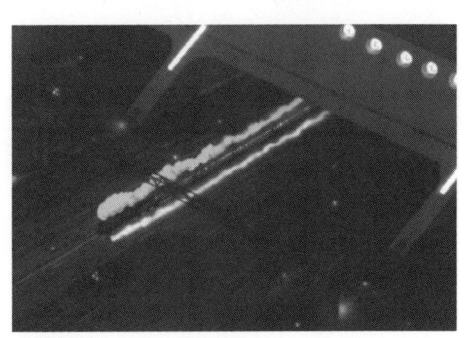

映画版第1作より。これは人工地盤で本当の地面ではないのです

（※9）ゲージ……線路の幅

B主任 ってくる絵になってるんですが、「っぽい」だけでは具体的に何階とか何メートルとかいうのはわかりませんから。

D職員 窓の数勘定してみよか。じゃ、それはDくん、頼んだで。

B主任 えーっ、そんなの無理（※10）ですよ。っていうかそもそも窓描かれてないですよ。

C主任 どうしましょう。となると、**現存する資料では全く決め手が無いんですが。**

A部長 （設定資料から突如顔を上げて）そうか！ うん、この線路は999号以外の列車も利用すると考えよう。企業の投資効率からいっても一列車一橋梁というのは普通考えにくいからな。すると、このレールの先端の「999」マークは違った意味になる。

B主任 は？

A部長 **高さだよ。これは99・9mを表しているんだよ‼**

B主任 ……ま、仕事には多かれ少なかれ、度胸も必要ですわな。

どう見ても、列車名のボードでしょうに……

（※10）そんなの無理……下の方は窓が数えられますが、上の方は縦に筋が描いてあるだけで階数がわからない表現になっています。実際これで断念しました。

PART.2 未来への贈り物

要求品質

- ●最終勾配　20°
- ●最高到達点　99.9m
- ●一定勾配の登坂線　※まずはシンプルなモデルで検討し、その後銀河鉄道株式会社殿に改めてご指示いただく
- ●999号（C62型機関車・客車を原型とする）の走行に問題が無いよう、使用レールおよび枕木、その他基準など可能な範囲で極力、旧国鉄―JRのスペックに合わせること
- ●999号の機関車および客車の重量に耐えること
- ●橋脚の意匠・プロポーション実現を最優先とすること
- ●鉄筋コンクリート製
- ●ホームの高さの人工地盤に立脚

次から、例によって技術検討が始まります。
一見、簡単に見える橋を実現困難にするポイントとは？
そして、永遠に帰らない青春の日のロマンと想いを乗せて汽車が行く。

D職員が起こした線路の概略

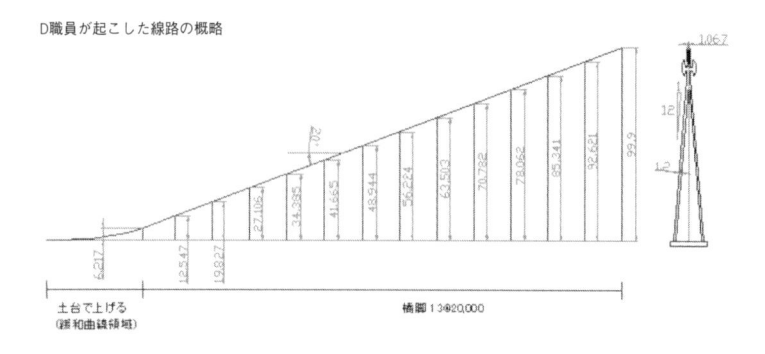

土台で上げる
(緩和曲線領域)

橋脚 13@20,000

新規プロジェクト恒例、前田建設・光が丘本社との比較イメージ
(橋脚最高点 99.9m、光が丘本社 約100m)

COLUMN.1
「発車台」？
それとも「発射台」？

メンバーの中で一番若いD職員は今回の発車台を見て、これは銀河鉄道の列車を宇宙へ上げるための打ち上げ装置ではないのかと疑問を持ちました。『銀河鉄道999』がアニメーションになってから約25年経った間にSFの世界ではマス・ドライバーという打ち上げ装置の概念がだいぶ一般化したのですが、その目的と形状が今回の発車台に酷似していたことが原因のようです。

マス・ドライバーはリニア・カタパルトともいわれ、新幹線のリニアモーターカーと同様に軌道に仕込んだ電磁石の力で物体を加速させることで、宇宙船を打ち上げる装置です。999はメーテルが鉄郎に説明した旧(ふる)いSF的(ふう)に乗客の心情に配慮して旧(ふる)いS

Lの外観をしていますが、他の銀河超特急には未来的な形状のものもあり、高速で走るリニアモーターカーを彷彿とさせます。だったらレールにリニア駆動の装置が付いていてもおかしくはないわけです。しかし、ファンタジー営業部では作品を見ながら左記の3つの理由により、今回のこの物件は打ち上げ機構を持った「発射(ほうしゃ)台」ではなく、安全な高さまで航路を確保して発車を補助する「発車台」であると判断しました。

（1）レールにリニア駆動の装置が付いていたらこんなにスリムな上部工にはならない

（2）打ち上げ速度で走っていたら鉄郎が窓から顔を出せない

（3）車輪の回転数の音が通常のS

Lの走行程度

正直な話をしてしまえば、マス・ドライバー自体は今はまだ実現できない夢の装置なので、「発射台」にして造ってくださいと言われたら日本以外の航空宇宙の関係者まで巻き込んだ超ビッグプロジェクトになっていたかもしれません。難問はいろいろあるのですが、一番大きいのは人間が急激な加速に耐えられないということではないでしょうか。乗客が耐えられるくらいで徐々に加速させる装置にすることもできるのですが、そうするととんでもない長さに

なってしまいます。日本の長さは北海道から沖縄までで約3000kmで、それに匹敵する可能性もあります。こうなると現代版の万里の長城を造るような壮大な話です。まさに全人類の宝。いや、建設業としてはそういう大きい話は嬉しいのですが。

ということで膨大な用地が必要かもしれないのですが、それ以外にも空想科学の世界で考えられている立地案がいくつかあって、例えば空気の密度が低いところへ射出すれば空気抵抗を小さく抑えられるので高い山をくり貫いて造った方が良いので

はないかとか、赤道に近い場所に造った方が地球の自転の力を大きく利用できるだろうとか、いろいろ思考が重ねられています。究極的には、まずは重力が地球の約1/6しかない月に造るのが良いだろうという案すらあります。場所の選定には苦労しそうです。

-
-
-

現実的にはリニアモーターカーの新幹線が実用化した後の、遠いさらに先の時代の装置になるかもしれませんが、空想科学に技術が追いついたとき人類は気軽に宇宙へ行けるようになるでしょう。

PART.3

超スペック大追跡

1 飾りの部分はプレキャストで

引き続きファンタジー営業部内、A部長、B主任、C主任、D職員打ち合わせ中。

D職員 う～ん。
B主任 Dくん、どないしてん。
D職員 列車が空を飛ぶ話って他にもあったような気がして、それが参考になるんじゃないかと考えてるんですが、どうしても思い出せなくて。
B主任 『機関車トーマス』ちゃうか？（森本レオさんの声で）「トーマス、空を飛ぶ。というお話」
C職員 そんな嘘ナレーションを。Dくんがますます悩むじゃないですか。
D職員 いや、さすがにそれは違うってわかります。
C主任 他に汽車が出てくるといえば『ジムボタン』？
D職員 それは僕、知らないんですけど。有名ですか？
C主任 うん、僕の中では。でもこれも飛ばない。
D職員 ああ！ 思い出しました。『サスライガー』！
B主任 なんや、それ。

『銀河疾風サスライガー』１年間のタイムリミットで太陽系50惑星を踏破するという世紀の大勝負に躍り出た若き大富豪ブルースと仲間たちは、"JJ９（ダブルジェイナイン）"を名乗り、365日間太陽系一周の、壮大なレースへと旅立つ！ というお話でした。発売元：IMAGICA／販売元：メディアファクトリー ©国際映画社・つぼたしげお

PART.3 超スペック大追跡

D職員:汽車がロボットへ変形してマシンガンを「メチャまくる」やつですよ。知りません?

C主任:でもあれ線路無いところでも平気で走ってなかったか? 飛び立つときも普通に浮き上がってたし。汽車のときも車もバイクも。

D職員:そっか、今回の参考にはなりませんでしたね。

B主任:ある意味、汽車や船を宇宙へ飛ばした松本零士先生の思想を正統に受け継いでた作品だったのかもしれないけど、そう考えると999は発車台まで細かくリアルに作り込んであるところがすごいよね。で、この橋脚、どう造りましょうか。

C主任:Cくん、よう覚えとるな。

A部長:橋脚の上半分で飾りがあるあたりはプレキャスト一体成形だろう。下の脚の部分は当社の技術を活かすならREED工法だな。

D職員:「プレキャスト」と「REED工法」がわからないんですが。

C主任:プレキャストはコンクリートの部材をあらかじめ工場で

蒸気機関車型宇宙トレイン"J9-Ⅲ号"(左)が、巨大ロボットメカ(右)に変形!

D 職員 　造って持ってくる方法だね。現場へ生コン（※1）を持ってきて打つ「現場打ち」と区別した言い方だよ。

B 主任 　飾りの部分って結構大きいと思うんですが、持ってこられるんですか？ すごい大変そう。

A 部長 　999の世界ではエアカーもあるから簡単やぞ。最後はエメラルダスはんの船に頼むとかな。

C 主任 　違うよ。うちはあくまで「こっち」の技術でのみ造られる提案にしておかなきゃ。

A 部長 　確かに運搬にはかなり面倒な点があるね。でも、あれは橋脚の一番上に付くから。100mの高さで物を造るっていうのはそれだけでも大変なことなんだよ。型枠も鉄筋も職人さんが組んでいかないといけないし。我々はそれを安全に進められるよう、防護や対策をしっかりやっておかないといけない。

B 主任 　落下飛来災害っていうんだけど、高所作業では人が落ちることも危険だし、物を落として下に人がいる場合もとても危ない。ウエシタ（※2）には気をつけないといけないんだよ。

D 職員 　養生？

　あとは100mの高さで現場打ちのコンクリートや養生（ようじょう）がやりづらいわな。

橋脚の上の飾りの部分はプレキャストで。下はREED工法で

PART.3 超スペック大追跡

B主任: 雨が降ったら生コンが雨水で薄まらないようにシートをかけたり(※3)、逆に天気が良すぎたら固まりかけの表面が乾燥してひび割れないように水を含んだマットをかぶせたり。

C主任: 工場だとコンクリートの品質を左右する固まり始めの時期をキチンと管理できるから、発現強度のばらつきも少ないし、後々の耐久性にも良い影響があるんだよ。

A部長: でもDくんが言う通り重い物を運んでこないといけないのは厄介だから、現場ですることのメリットも捨てがたくはあるね。いろいろな条件を含めて、どっちが得かよく考えてから判断しないといけないよ。今回はプレキャストの線で考えてゆこう。

C主任: もう一ついいですか。プレキャストだと他の星への新設時にも楽になりますね。

B主任: どういうこと? 異星は考えんで

(※1) 生コン……材料を練り混ぜて固化する前のドロドロ状態のコンクリート。
(※2) ウエシタ……作業している真上で別の作業があると特に落下飛来災害が起こりやすいので、そのような状況は避けるようにしないといけません。
(※3) シートをかけたり……ブルーシートをかけて、雨水が固化前のコンクリートを薄めないように対処します。

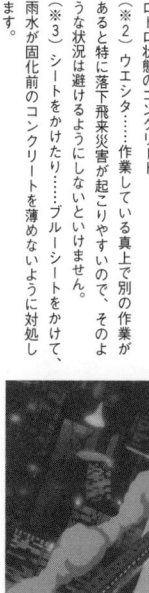

映画版第1作より(上)地球の橋脚、(下)惑星ヘビーメルダーの橋脚

マエダケンセツファンタジーエイキョウブ

C主任
ええんちゃうの？

C主任
ええ、だからあくまでも将来的な展望の話なんですけど。映画版第1作に出てきた惑星ヘビーメルダーの橋脚は、地球のとすごくよく似ているんですよ。

B主任
ははぁ。しかしこれは地球で造ったのを持っていったんかいな？　銀河鉄道の貨物部門はそれほど低コストなサービス展開中、ってとこかいな。

C主任
それではあまりにも効率悪いです。現実的には同じ設計図を元に向こうで造ったんじゃないでしょうか。

D職員
いやホントにこの2つ、似てますね。まるで背景だけ取り替えたみたいですね。

B主任
こらこら。地球を基本形にして他の星でも統一を図ったんちゃうか。

A部長
生産性の向上は建設業にも重要な視点だぞ。プレキャスト部材を規格化すれば、現場打ちで同じ物を造るのよりも遥かに有利だよ。

C主任
向こうの星の工場で型枠の検査や出荷前の検査をすることで対処できま

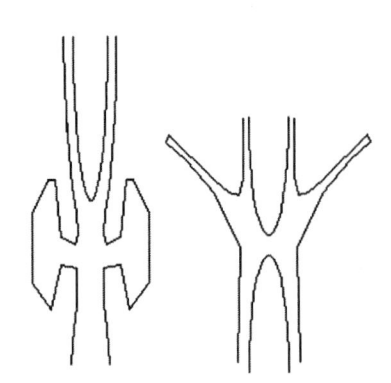

（左）TVシリーズ、映画版第1作の耳が丸い"鉄郎型"の飾り、（右）映画版第2作の耳が尖っている"ミャウダー型"の飾り

PART.3 超スペック大追跡

A部長　すからね。
B主任　うん、そうだな。
A部長　もう一つありますで、部長。この飾りの部分、TVシリーズ、映画版第1作、第2作では形が違ごてます。仮にこの耳の部分の丸いんを"鉄郎型"、尖っとるんを"ミャウダー型"と呼び分けましょか。
C主任　ははぁ、耳が尖ってるから。
D職員　映画版第1作から第2作までの間は2年のはずですが、鉄郎型からミャウダー型へ建て直したんでしょうかね？
C主任　いや、既に第2作では橋脚が老朽化してたわけだし、同一のものじゃないかな。
D職員　ということは？
A部長　前回のプロジェクトと同じように、どっちのときの形を再現するか決めないといけないね。
C主任　最初にイメージを決定づけたTVシリーズや第1作で使われている鉄郎型がいいんじゃないですか？
A部長　ミャウダー型に比べると若干安定感があるしな。

映画版第2作『さよなら銀河鉄道999』ラーメタル星で出会ったパルチザンの戦士・ミャウダー。この耳の尖り、覚えていらっしゃいましたか？

2 橋脚はREED工法で

D 職員
B 主任

B：REED工法っていうのは何ですか?

D：これもプレキャスト材を使った工法やね。簡単に言うてしまえば、外側をモルタル製のパネル（SEEDフォーム ※4）で組み立てて、H鋼を建て込んだ後に中を現場打ちの生コンで充填する方法やね。

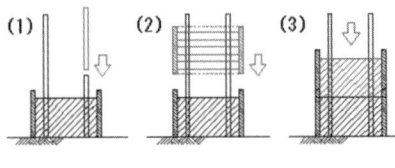

REED工法：(1) ストライプH（※5）建て込み、(2) SEEDフォーム建て込み、(3) 中詰め

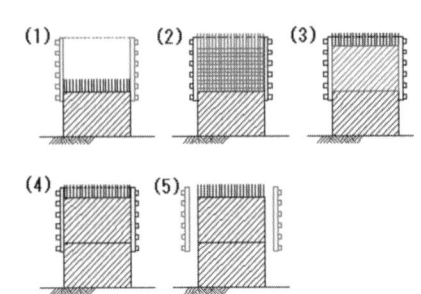

従来工法：(1) 型枠工、(2) 鉄筋工、(3) 生コン打設、(4) コンクリート養生、(5) 型枠解体

PART.3 超スペック大追跡

D職員：外側はパネルなんですか？

B主任：そう、外側を固めてしまってから中にとっかかるわけや。お肉を焼くときに先に外側を焼いて固めてしまえば中の肉汁が逃げにくいっちゅう発想や。

D職員：その説明は今考えたでしょ。

B主任：生コンは固まるまでは重い液体やからね、普通に型枠造ってやるにせよ外側からガッチリ押さえとかんといかんわな。外側がモルタルパネルやったら、型枠になると同時にそれ自体が軀体（くたい）の一部になるから外側に押さえを組む手間、型枠をバラす手間もだいぶ省けるわな。

D職員：型枠バレたら（※6）空から生コンが降ってきますもんね。

C主任：まあそういうことがないようにね。あと、これも高所での作業を省力化していて、作業性・安全性が向上しているんだよ。我々造る側の人間としては大事なポイントだ。

B主任：それに今回の橋脚、二手に分かれた後は下まで太さが一緒やろ？　どこで切っても

（※4）SEEDフォーム……プレキャスト材。工場で造って運搬するときは板状で、これを現場で組み立てて外殻を造ります。
（※5）ストライプH……REED工法に用いる特殊なH形の鋼材。表面に突起を付けてコンクリートとの付着を良くしたことでコンクリートとの一体性を高めた部材です。鉄筋の代用になります。JFEスチール（株）が特許を持つ商品。
（※6）型枠バレたら……型枠の押さえが外れてバラけたら、の意味。

053

D職員　はい。

B主任　そしたら君、高さによって断面の太さが違うてしまうがな。そしたらややこしいよ。全部いちいち設計図が変わってくるし、型も使い回しがきかんくなるがな。

D職員　そうですね。橋脚の下の方は映画の画面でも出てきませんでしたけど、そんな風だったら困りますね。

B主任　そういうこっちゃ。

D職員　あの、うちの会社がREED工法で造った一番高い橋脚ってどのくらいですか？

B主任　うん、なんぼですか部長？

A部長　REED工法の実績では40mだね。橋脚自体でも60mくらいだなあ。今回の物件が普通に考えてもだいぶチャレンジングなことはわかってもらえるかな？

同じ寸法なわけや。せやから工場製品にすると、同じ型を使うて繰り返し作業で物を造るんに向いとるんや。けど例えばの話、下にいくほど太くなる意匠やったとするわな。そういうんがキレイっちゅう人もおるわな。

断面一定

断面の大きさが異なる

もしも橋脚が下にいくほど太くなっていたら…（右）

3 材料にも一工夫

- A 部長
- C 主任
- D 職員
- B 主任
- D 職員
- B 主任

A あと、今回はプレキャストとREED工法の中詰めにS・Q・Cを使おうと思う。

C S・Q・C? 何ですか、それは。

D スーパー・クオリティ・コンクリート。自己充填型・高強度・高耐久コンクリートのことだよ。うちの会社はS・Q・C構造物開発・普及協会で中核的な役割をして、今イチ押しの技術だよ。自己充填型っていうのは、コンクリートの流動性が良くってバイブレーターをかけなくても（※7）細かい部分まで行き渡る性能のこと。あと高強度と高耐久はそのまんまの意味だね。

B 昨今は橋をスレンダーに美しく造ろうっちゅう注文が少なからずあるわけやね。そういうときには必ずこれのことが話に出てくるから、覚えとき。

D なんだかいいことばかりのコンクリートなんですね。「スーパー・クオリティ」だから高性能じゃなくって超性能!?

B 惜しい。日本語やと「超高性能コンクリート」や。その代わりお値段の方も少ぅし高うなるけどな。しかし強度が高いとスリムに造られるから材料少のうできるし、

（※7）バイブレーターをかけなくても……通常は必ず生コンクリートへ振動を与えながら充填することで隅々まで行き渡らせるようにします。

A 部長　高耐久性やからトータルでコストダウンになるわな。橋脚の上の飾りの部分は、すっきり細く造ってこそ美しいと思うからね。これはS・Q・Cの出番だよ。これを使えば映画版第2作『さよなら銀河鉄道999』のときに999が通っても崩れ落ちなくなるかもしれない。

C 主任　高耐久ですからね。何もしないでも100年、メンテ入れると500年持つのが目安ですから。でもそれじゃあ、かえって作品の世界と整合が取れなくなってまずいんじゃないんですか、部長!?

4 上部工（※8）はレール命

D 職員 🙂
B 主任 🙂
C 主任 😀
A 部長 😀

B 主任　橋脚はできそうな感じがしてきました。上部工はどうしましょう。上部工っちゅうても枕木が空中に浮いててそれにレールが乗っとるだけやから、普通の上部工とはちゃうわな。

C 主任　枕木が空中に浮くわけがないから、これはレールにぶら下がってるんですよね。

A 部長　結局はそういう解釈になるだろうね。そもそも枕木っていうのはレールのゲージを固定するのが役割だしね。

PART.3 超スペック大追跡

D職員 😊 えっ、そうなんですか?

A部長 😊 バラスト(※9)の上にレールがある場合は枕木が必要だけど、地下鉄なんかだとコンクリートの床にレールを直に敷いて正しい位置に固定できるから、枕木がなくても良いはずなんだよ。

B主任 😊 ちゅうことは、レール2本そのものが橋桁を兼ねてて、これで列車を支えるっちゅうこっちゃな。

D職員 😊 あんな細いもので!?

B主任 😊 強度的には何とかなる思うわ。うちの会社も加わった明石海峡大橋(吊り橋)も2本のケーブルであんな長大橋を支えてるし。

A部長 😊 そういうこともあるね。土砂崩れで線路が多少宙に浮いた状態になってても、

(※8) 上部工……縦に立っている橋脚を下部工、その上に横に渡してある桁を上部工、と呼びます。下部工を支える基礎部を基礎工と呼びます。

(※9) バラスト……列車の荷重を分散させて伝えるために敷かれた砕石。

前田建設も参加した明石海峡大橋

A部長 列車が通過した実績もあるっていうよ。まあ、あくまでも多少っていう場合だけどね。問題はレールのたわみだよ。列車の重みでひどくたわんでしまうと、列車が走れなくなる。両方からピンと張ってれば綱渡りのように、あまりたわまないかも。

B主任 この999も、橋脚の間は綱渡りなんですか。

D職員 バランス崩したら線路がよじれて落っこちるわな。鉄郎が窓から顔出したら重みが片方に寄って危ないで。

A部長 レール剛性を高くして持たすのはできるだろうけど。あとは材質の問題だね。列車の重みに耐えられるくらいピンと張る力をかけられる材質を使えば可能なんじゃないか。

D職員 炭素繊維とか使えば軽くて引張に強いですね。

B主任 待て待て、レールっちゅうのは電気を通さんといかんのんとちゃうの？

A部長 いや、レールが電気を通すのは今ある信号システムがレールの通電性を利用したもの(※10)だからなんで、銀河鉄道の管理局だったらむしろ衛星ナビとかで広範囲の走行状況を押さえてるんじゃないか？

B主任 なるほど。

C主任 レールって旧国鉄規格のものを使わなくっていいんですか？

B主任 普通のもんやと無理やろ。

A部長 レールっていうのも本来、ゲージの寸法が守られて摩耗しにくいのっていうことで

PART.3 超スペック大追跡

D職員
A部長
ああいう鉄の物になってるだけだからね。極端な話、コンクリートに溝切っただけの物でもゲージさえ守られてれば列車は走るんだよ。

C主任
そうなんですか!?
ゲージっていうのは知っての通り線路の内側と内側の寸法だから、外側については張り出した形になってようが本質的には支障は無いはずだし、レールのくびれてる形っていうのも造るときに鉄の量を少なくするための工夫だし。この際、あんまりとらわれて考えを狭めない方がいいんじゃないかな。

B主任
C主任
今回は枕木の話といい、目から鱗が落ちるようなことばかりおっしゃいますね、部長。
だからレールの剛性と強度を上げるこじゃあ鉄チャンやって言うたやろ。

(※10) 今ある信号システムがレールの通電性を利用したもの……レールには微弱な電気が通っており、列車がいるときには車輪を伝わって左右が短絡されます。これを利用して列車の位置を検知し、列車同士が近づきすぎないように走行管理を行っています。

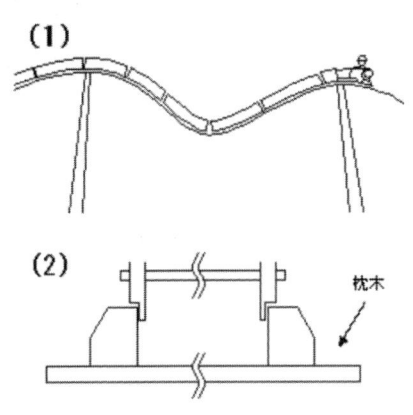

上部工のイメージ。(1)レールで綱渡り、(2)レールをゴツくして桁代わり

とで安定して綱渡りができるようにする方向で、構造関係を専門にやられている社内の方に検討をお願いしますか。

A部長
うん、よろしく頼むよ。

次回より、橋脚の具体的な設計と施工方法の検討が始まります。REED工法の専門家・土木設計部のH主任が登場です。

次章PART.4「前田建設の大冒険」。若者は今、未来へ旅立つ。

PART.4

前田建設の大冒険

1 橋にかかる力とその組み合わせについて

引き続きファンタジー営業部内、A部長、B主任、C主任、D職員打ち合わせ中。

C主任
それじゃまず、橋脚を造るREED工法から社内で検討できる方へ相談しに行きましょう。

B主任
技研、かな。

A部長
いや、土木設計部に同期のHがおりますわ。ずっとREED工法やってるんで無茶な注文でも聞いてくれますわ。

B主任
そうか、ではBくんとDくんで光が丘のH主任のところへ行ってきてくれ。事情は私から伝えておくよ。最近はファンタジー営業部も社内にだいぶ浸透してきたから話がしやすくなったのが助かるよ。

A部長
ホンマですな。

B主任
REED工法による橋脚の設計について、土木設計部のH主任に話を聞きに来たB主任、D職員。

PART.4 前田建設の大冒険

D職員 よろしくお願いいたします。
H主任 メーテルに会わせてくれなきゃ、やらないよ。
B主任 そんな人ばっかや、うちの会社。
D職員 そこを何とかお願いしますよ〜。
B主任 Hはん。うちらでも会わしてもらえへんのやで。ごっつ無理な相談ですわ。
H主任 じゃBくん、キューティーハニーのときは本気で頼むわ。
B主任 キューティーハニーの何を造らはるんですか。
H主任 空中元素固定装置。
D職員 服が分解されて別の服に再構成されるあれですか?
B主任 それ、ビルや橋やら造っとるうちの会社で造れるもんかいな?
D職員 ハニーの体内に内蔵されてる機械ですから、土木・建築とは違いますよね。

H主任

光が丘本社 土木設計部所属(当時)。元々は技術研究所に所属しており、そこでREED工法の開発を担当していた。B主任と同期だが何故か敬語で喋られている。このプロジェクトの後もD職員と顔を合わせるたびに、ハレンチ学園の発注まだ? と言って困らせているらしい。でも、それってただの学校じゃないの?

B主任 でも、うちにあったらなにかと楽になるで。作業服の着替えとか。

D職員 B主任の着替えシーンは見たくないです。

B主任 Dくんには一生見せてやらん。

H主任 それでですね、Hはん、映画版第2作で結局壊れるのがわかっていて、これを造ってほしいとはなかなか言いしづらいもんがあるんですが。

まあ、いいよ。映画版第2作のときは周囲の状況がかなりすさんでいるようだからね。コンクリート構造物が壊れる原因は大きく分けて3つあって、

（イ）初期欠陥
（ロ）劣化
（ハ）損傷

D職員 （イ）初期欠陥
（ロ）劣化
（ハ）損傷

B主任 （イ）初期欠陥は施工不良とか、我々造る側が最も気を付けないといけないこと。
（ロ）劣化は段々に進行するもの、アルカリ骨材反応（※1）とか。あと、こういう未来都市だと酸性雨が降っていそうだから、それの影響なんかもあるかもしれない。
（ハ）損傷

B主任 それは映画版第1作でキャプテン・ハーロックに牛乳を飲まされそうになった人のセリフや。Dくんだいぶビデオ見た成果が出とるやないかい。

H主任 （ハ）損傷は被害が急激に進むもので地震や衝突、火災など。

B主任 ははあ、通常うちらが考えるのは（ロ）劣化やけど、あれだけ周りでバンバン戦

体が錆びるぅ〜。（※2）

PART.4 前田建設の大冒険

D職員 ててビルやら崩れとると、(ハ)損傷の方が多そうですな。

D職員 火災にはなってそうですね。あれっ、そういえば火災ってコンクリートに外傷は残らないと思うんですけど、何がまずいんですか？

B主任 中の鉄筋が熱でなまるやん。

H主任 我々の世界では想定以上の損傷があった場合には速やかに補修するのが基本だけど、ああいった非常時でそれができないまま放置されていると、どんどん悪化するだろうね。最終的にあの橋が崩れたのは、ガタがきてたところに999が無理に走ろうとしてしまったせいなんだろうね。

D職員 え～と、いろいろ検討することは多そうです

(※1) アルカリ骨材反応……コンクリートに入れる砂利にある種の成分が含まれていると、そのまわりに膨張性の結晶がびっしりと出来て内側から破裂するようにコンクリートに亀裂を生じます。これをアルカリ骨材反応といい、その危険性がある場合は予防策が必要になります。

(※2) 体が錆びるぅ～……映画版第1作より。鉄郎が酒場で牛乳を頼んで機械人間のチンピラに絡まれたところを助けてくれたのが、キャプテン・ハーロックでした。格好良すぎる登場シーン。

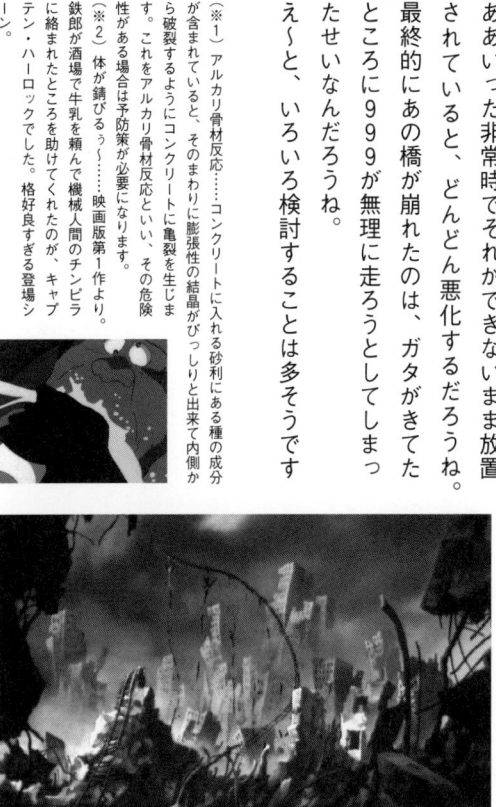

映画版第2作『さよなら銀河鉄道999』より、999が走り去った後、崩れ落ちる橋脚

H主任

けど、何から始めたらいいんでしょうか。出来上がった橋脚に、どんな力がかかるかを想定してやらないといけないね。今回のは純粋に鉄道橋とはいえないけど、「鉄道構造物等設計標準・同解説 コンクリート構造物」に沿って考えてみよう。通常はこのくらい考えておけばいい。地震は自然災害だから防ぎきれないんで考えに入れるけど、衝突、火災なんてのはある意味人災なんで起こらないようにすることが最大の対策だね。

D職員

(1)の自重っていうのは大事なんですか？　立ってるだけで壊れないように造るのは当たり前だと思うんですけど。

B主任

それはな、このいろんな荷重が個別にかかるばっかとは限らんやろ。こっから組み合わせを考えなあかんわけや。例えば強風が吹いてるときに列車が通ったら、(1)自重＋(2)列車の重み＋(3)風の力が同時に橋脚へかかるわな。そんときに大丈夫かどうかチェックしながら設計するんや。

線路直角方向
線路方向

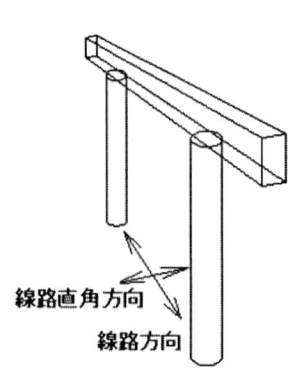

線路方向と線路直角方向

(1) 自重
　　a．下部工（橋脚）自重
　　b．上部工（レール）自重
(2) 列車の重み（活荷重）
　　a．列車の重み
　　b．走行時の衝撃
　　c．走行時の横方向への揺れ
　　d．制動の衝撃（急ブレーキ時）
(3) 風の力（強風時）
　　a．線路方向
　　b．線路直角方向
(4) 地震の力
　　a．線路方向
　　b．線路直角方向

PART.4 前田建設の大冒険

H主任：そういう意味で（1）の自重は常に付加されるもんとして頭の中へ置いとかんとかな。

D職員：ちょっと話の腰を折るけど、普通は風が強くなってくると橋脚が倒れるよりも先に列車自体が走ってて横倒れしやすくなるから、運転はしないと思うよ。

H主任：えっ、そうなんですか。銀河鉄道規則では第1条が「銀河鉄道は何よりもダイヤを厳守し、もって宇宙の時の流れの模範となるべし」ですから、強風くらいじゃ運休してられない感じなんですけど。

B主任：厳しい！ そりゃ厳しすぎるわ！

D職員：それはびっくりだ。列車の形によって横風受けたときにかかる力は変わってくるけど、新幹線だって瞬間最大風速が30m／秒になったら、横転の危険があるから運転中止だよ。台風のときの風速なんてそんなもんじゃないだろう。まして空へ向かって走ってゆくなら、飛行機並みには風に影響されやすいんじゃないのかな。

B主任：999は年に1回しか来いひんから、台風の季節は避けとる可能性が高いけどな。

H主任：ああそうか、あの話は第1話で鉄郎とお母さんが吹雪の中を歩いているところから始まっているから、季節は冬なんですね。

B主任：からっ風は考えなあかんわけや。

D職員：そうそう。風に関してはそんな感じだね。あと同じようにして地震だけど、年に1回しか走らない999がここを走っている数分間に、100年に1回規模の大地震が起こる可能性っていうのは極めて低いよね。だから（2）列車の重み＋（4）地震

の力っていう組み合わせは現実的でないということで考えなくてもいいんだ。つまり地震のときの組み合わせは（1）自重＋（4）地震の力だけになる。

② 風の力は高い構造物では無視できない

D職員 🙂
風の力って、こんなに細い形だと抵抗少なそうだからそんなに大きくならないんじゃないですか？

H主任 😊
とんでもない！ 背の高い構造物は大体風で決まるといっても過言じゃないよ。高層ビルにしろ、長大橋にしろ。高い所の方が風は速く流れてるっていうのは知ってるよね。

D職員 🙂
ビルとか木とか、流れの邪魔になる物がないからですよね。

H主任 😊
そう。だから高い構造物は速い風を受けやすい。しかも風の力っていうのは風を受ける面積には比例して大きくなるけど、風速だと二乗して比例してしまうんだ。風速2倍で風の力は4倍、風速3倍で風の力は9倍かかる。構造物をスリムにして風を受けにくい形にするのは大事だけれども、風速が大きいとまず間違いなく大きな力がかかるんだ。

PART.4 前田建設の大冒険

B主任 🍄
999の発車台の周りっちゅうたら高いビルがようさん建っとるから風の流れはだいぶ邪魔されとるんちゃいますか？

H主任 👹
うん、そういう条件は地表面粗度区分という指標に反映されてる。この場合はV（5）だね。

D職員 🧒
地表面粗度区分？

H主任 👹
地表面にどれくらい風の流れを阻害する物があるかっていうレベル分けだよ。レベルIからレベルVまであって、海面みたいにあたり一面何も無い所が一番風が流れやすい表面状態でレベルI、都市部のビルが乱立してる所は上空高くまで流れを阻害する物があるから一番風が流れにくいレベルV。だからメガロポリスはV、これだけ高層ビルが密集してる未来都市だと新しくレベルVIっていう区分を作らないといけないかもしれない。でもとりあえず現行の規定で最

発車台はこんなビルに囲まれた場所にあります。映画版第2作『さよなら銀河鉄道999』より

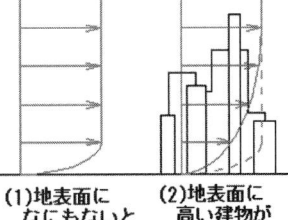

(1)地表面になにもないと流れやすい
(2)地表面に高い建物があると流れにくい

地表面にある物の高さによって風の流れの阻害の度合いが違うので、風速が変わります

069

D職員：高のレベルVだと風速40m／秒以上は考えないといけないね。

H主任：なるほど、じゃあやっぱその風速を設計に使わないといけないわけですね。

D職員：風が吹いてないことにできれば楽なんだけどね。さっきの話に戻るけど、メガロポリスの外では吹雪だったのに、メガロポリスの中には雪なんて積もってなかったでしょ。実は透明なドームがあって天候が管理されてる街だった、とかね。

B主任：そうやったら、999の発車台よりも先にそのドームを造らなあきませんやん。

D職員：そんな、いきなり勝手に根本から覆さないでください!!

B主任：いかん、Dくん逆ギレや。まあ落ち着きぃ。H主任も、もしもって話をしとるだけやから。

H主任：すみません。

B主任：Hはん、都市部っちゅうのは発熱量の多さと蓄熱が大きいんでヒートアイランドになりやすいですから、雪が残ってなかったんはそのせいっちゅうことにはならんでしょうかね。

H主任：そうだね。もう一つ、発車台のところだけ気圧が高けりゃ風が吹かないんじゃないかっていう裏設定も考えてみた。でも、熱がたまってるなら逆に温められて軽くなった空気が上昇気流を起こすから駄目だね。

B主任：普通に風も吹いてることで考えましょうや。

3 REED工法の施工方法について

B主任　あとHはんには設計の他にも、REED工法の専門家として実際の施工の部分についてもうかがっときたいんですが。

H主任　いいよ。一般的なコンクリート橋の施工と基本的な手順は変わらないけどね。主鉄筋の代わりに鉄骨のストライプHを建てて、地上で組んだSEEDフォームの筒をカポッとね、はめるわけだね。

REED工法施工例　筒状に組み立てたSEEDフォームをストライプHの柱に通しています

マエダケンセツファンタジーエイキョウブ

B主任
今回橋脚がごっつう高いっちゅうことで特別にせなあかんことがなんかあるんちゃいます？　例えば素人考えやけど、1回ごとに組み立てるSEEDフォームの高さってどのくらいですか？

H主任
1・8mで考えてるよ。

B主任
それを倍の3・6mにしたら繰り返しの回数が減って効率が上がるんちゃいます？　100mを1・8mずつ上げると56回、橋脚は2本あるんで112回も繰り返さなあかん作業になっとりますわな。

H主任
SEEDフォームを組む高さは人の背丈を基準に考えてるんだよ。これより高いと手が届かなくなって作業性が極端に悪くなるんだ。3mにもしたら、地上で組み立てるときに足場が必要になるだろ？　いちいち作業前に組み立てて作業が終わったら撤去しないといけないから、手間ばっかりかかってしまうよ。あくまでも造るのは人だから、人のサイズまで作業規模を落とすのが施工性を良くするコツなんだよ。

D職員
あと、今回は斜めに傾いた状態で橋脚を2本同時に立ち上げてゆくわけですが、それは大丈夫ですか？　今までの実績だと真上へ組んでゆくのしかなかったと思いますが。

H主任
う～ん、それについてはSEEDフォームやストライプHの設置方法に一工夫必要

SEEDフォーム組み立ての概要

PART.4 前田建設の大冒険

B主任
D職員
F課長
H主任

だろうね。機械部のF課長とよく相談しておくといいよ。

あー、F課長。マジンガーZのときもようさん無理言ってお手数おかけしましたわ。

F課長には毎度お世話になりっぱなしになりそうですね。

（機械部にて）ヘックション！ おかしいな、誰か噂してんのかな。

餅は餅屋だからね。各部署に専門家がいるんだから、知恵を集めて上手くやってかないとね。今回の物件はかなり厳しいよ。

ということで後日、H主任が設計してくれたREED工法による橋脚の断面図が届きました。

次章PART・5「難問、上を行く」。そして今、汽笛が新しい若者の旅立ちを告げる。

2,700
1,200

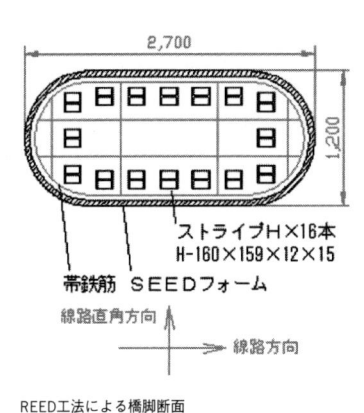

ストライプH×16本
H-160×159×12×15

帯鉄筋　SEEDフォーム

線路直角方向
線路方向

REED工法による橋脚断面

PART.5
難問、上を行く

1 なにげない発端

橋脚の目安が立ち、ひとまず安心して昼食を食べに行くファンタジー営業部。しかし、実は水面下で、新たな強敵が迫りつつあることをまだ知らなかった。

飯田橋本店の地下、社員食堂にて。

C主任　今日のメニューは鮭と筑前煮、もしくはミックスフライですか。

B主任　ようやく難しい課題をクリアしたんや。なんかもっとこう「パァーッ」としたメニューないんかい。

D職員　もう50円足すと、ふりかけ2パック（※1）つけられますよ。

B主任　そりゃ「パァーッ」違いや。豪勢な気分になる、ゆうこっちゃ。

D職員　999の食堂車みたいにステーキが出てきたらいいですね。

999の食堂車で人生初のビフテキを食べる鉄郎。映画版第1作より

PART.5 難問、上を行く

B主任　Dくん間違っとるで、999の食堂車では「ビフテキ」や。
C主任　はははははは。他にはどんなメニューがあるんでしょうね。
C主任　喰うたことないけどな、合成ラーメンとか、サルマタケ（※2）とか。
B主任　『男おいどん』が混じってます。
I課長　（建築部エンジニアリング・設計の I課長登場）
　　　　相変わらず元気だねぇぇ。ここいいかい？

A部長　ああーー課長、お久しぶり。いつも光が丘なのに飯田橋で会うなんて珍しい。打ち合わせ？
I課長　はい。H主任から聞きましたよ、また面白いけど難しい物件なんだって？
C主任　鉄道橋の一種ではあるんですが、高さは100m近くあるし、機関車は実際のC62

I課長

光が丘本社　建築エンジニアリング・設計部・構造設計Gr所属（当時）。アクティブ・マス・ダンパーの設計に長年携わってきているが、土木構造物に採用するのは今回が初めてなので少し戸惑い気味。どっちかというとヤマト世代、『銀河鉄道999』はいつも鉄郎の行動があぶなっかしくて見ていられなかった、とのこと。

C主任 I課長	より倍近く重くなってるし。
	999って倍の重さもあるんだ。
C主任	はい、C62機関車が約140tなんですが、999は210tという設定があるんです。内部がメカニックになってますから、その違いじゃないかと思うんですが。
I課長	ああ、確かに中へ入ると松本メーターがいっぱいあった記憶があるね。
D職員	松本メーター？
I課長	最近の若い子はそういう言い方しないのかな。
D職員	機械伯爵の顔の真ん中にも付いてるあれだよ。
C主任	ああ、なんとなくわかりました。
B主任	いつも不思議なんですが、機械伯爵の顔のメーターって自分では絶対見られないところにわざわざ付いてると思うんですが、なんのために付いてるんでしょうか。誰かに見てもらうためですか？
A部長	またそないな素朴な疑問を。
	まあこんな調子でやってるよ。ようやく橋脚の見当

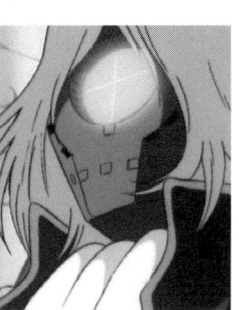

機械伯爵　　　　松本メーター

PART.5 難問、上を行く

I課長 そうですか、じゃあ振動解析は大変だったでしょう。

全員 ………。

I課長 あれ？ あら？

2 難問1・振動の対策

光が丘本社の20階、建築エンジニアリング・設計部・構造設計グループフロアにて。B主任、C主任がI課長を来訪中。

B主任 すんまへん、強風と列車走行の設計条件がえらい厳しかったもんで、うちら振動の

（※1）ふりかけ2パック……個人的に、なんで2パックセットで売るの？ と前から不思議でした。なお、2005年5月に社員食堂が改装されたときに、残念ながらこのメニューは無くなってしまいました。
（※2）サルマタケ……松本零士先生作品、「男おいどん」に出てくるキノコ。四畳半の貧乏生活を描いた漫画で、主人公のサルマタに菌類が繁茂したのがサルマタケ。本来食用であるかどうかは聞いてはいけません、寂しくなるから。

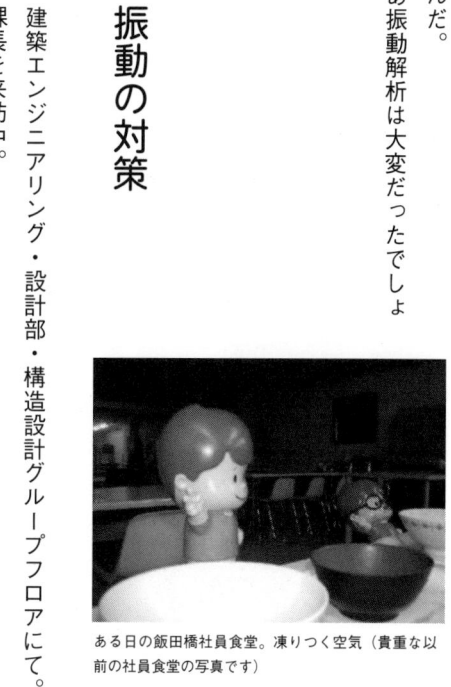

ある日の飯田橋社員食堂。凍りつく空気（貴重な以前の社員食堂の写真です）

課長: ことすっかり忘れとりました。今更ですが橋脚の振動についてお教え願いたいと思いまして。

主任C: いや、ホント忘れずにすんで良かったネ。で振動だけど、計算上風の力は一定にかかるものとして、それに耐えられるように設計してしまうよね。でも実際に吹いてる風っていうのはずっと同じ速さじゃなくて強弱がついてるわけだ。

課長: はい。

主任C: その強弱の繰り返しで橋脚が振動したり。

課長: なんとなくイメージできますね。

主任C: あと、風を受けた物体の後ろの流れには渦ができるんだけど、橋脚が2本あると1本目の後ろでできた渦が2本目の橋脚へ当たって強烈に振動したりすることがあるよ。形状が複雑な場合には思いがけないことが起こる場合があるんですね。

課長: そんなことがあるんですか。

主任B: あるある。それ自体は細かい揺れでも、橋が共振してしまうとどんどん揺れが増幅されてしまうからね。

課長I: 共振?

主任B: 陸橋を走って渡ったことある? タタタッ

⇨ 風の向き

1本目の柱の後ろにできた
乱れの渦で2本目の柱が揺れる

橋脚の後ろで渦ができます

PART.5 難問、上を行く

B主任　……と小走りに走ってるのに橋の中心あたりでボワンボワンと大きな揺れになってることがあるんだけど、そういう揺れが増幅する現象のことだよ。

C主任　それって、メチャメチャややこしい話ちゃいますか。

B主任　あぁっ、また厄介な問題が。

I課長　ほんならI課長、それはどないしたら確かめられんのですか？

B主任　一番良いのは風洞実験することだね。

I課長　実験？

B主任　うん、全橋模型がいいだろうな。橋全体を縮小した模型を作って、風洞という風を吹かせる実験装置の中で挙動を見るんだ。お台場のレインボーブリッジとか本州四国連絡橋くらいの規模の橋では必ずやるね。それで実際かなり多くのことがわかるし。

C主任　しっかしそれはお金がかかりそうですな。

B主任　模型ならDくんがフルスクラッチ（※3）で作りますよ。

C主任　あいつが作るんは模型が違うわ。人型専門（※4）やろ。

B主任　駄目ですか。

I課長　模型を作るときの材料も何でも良いわけではないよ。大きさを縮小するだけじゃなくて、材質も比率を考えて小さくしてやらないといけないんだよ。コンクリートの

（※3）フルスクラッチ……模型を作るときに彫刻のように塊から削り出す方法。
（※4）人型専門……いわゆるフィギュアのこと。

081

C主任: 橋とスチールの橋じゃあ重さや剛性が違うだろ、そういうのを反映させないといけない。

I課長: 難しいですね。

C主任: しかもレインボーブリッジだと水面の上にあるから周囲に何も作らなくていいけど、この橋脚の場合には周りのビルの間を抜けてくるときにできる風の渦の影響もあるから、高層ビル群も模型で再現しないといけないだろうね。

C主任: 街全体を模型で作るんですか。

I課長: まあ、影響がありそうな範囲まででいいけど。

B主任: それ、終わったら破壊させてほしいわ。ちょっとした機械獣気分やね。

C主任: じゃあ、僕はそれを止めるマジンガーZの役ということで。

I課長: 君たち、楽しそうだね。

B主任: しかし、実験するだけでも難儀な話になりそうやね。このままやと「これなら絶対大丈夫」っていうもんが出てきぃひんわ。

I課長: 橋脚そのものも細いし、これは厳しいなぁ。ある程度、どこでも建設できることを想定した工夫が必要だしなぁ。

（しばし沈黙。そこへ同じく構造設計GrのJ課長が登場）

J課長: よーう。どした、難しい顔して。

PART.5 難問、上を行く

I課長: あ、J課長。丁度良かった、実はですね（と、急ぎ経緯を説明）。

J課長: ふんふん、なるほど。それってお金はかかってもいいの？

C主任: 銀河鉄道株式会社さんは、乗客に旅の生活費用として各駅で金貨袋を渡す(※5)ほどの企業ですから、必要と認めてもらえさえすれば高額な方法でも大丈夫だと思います。

J課長: （橋脚の耳の部分を指さして）この意匠のここ、構造的には意味無いよね。飾り？

C主任: そうですね。ここもS・Q・Cのプレキャストだから重いんですけどね。

(※5) 各駅で金貨袋を渡す……TVシリーズ第2話「火星の赤い風」では、この金貨袋のお陰で鉄郎は命拾いしました。

この部分を指しています。ミャウダー型でなく鉄郎型で考えているので耳はもっと大きいです

J課長

光が丘本社　建築エンジニアリング・設計部・構造設計Gr所属（当時）。I課長と同じ部署で2年先輩。アニメはあまり見ていないが、いつかバベルの塔みたいな高層建築を造ってみたいという話を飲み会で土木の同期としたときにファンタジー営業部のことを知り、その活動に興味を持っていた。たぶんその同期はバビルの塔と間違えたんだと思うけど、何が縁になるか世の中わからない。

J課長: その重さを利用して「アクティブ・マス・ダンパー」として使えないかなと思って。

I主任: あーその手があったか!

B主任: アクテブマ? (C主任の顔を見て) って何?

J課長: アクティブ・マス・ダンパー。AMDと略したりするんだけど、高層ビルなんかで振動を打ち消すために自分で動くおもりのことだよ。

I主任: J課長、彼らにはもうちょっとかみ砕いて話してあげないと。

J課長: 地震が起きたときに、揺れと反対の方へおもり (マス) を動かして揺れを吸収する装置 (ダンパー) なんだけどね、B主任はこのビルの一番上は行ったことある?

B主任: 社員食堂ですな、よう行きますわ!

J課長: その上。普通は入れない最上階にね、そのおもりがあるんだよ。ここのは「ハイブリッド・マス・ダンパー (HMD)」といってアクティブとパッシブの複合型になってるんだけどね。

C主任: アクティブとパッシブっていうのは何ですか。

J課長: 動力を持っていて自分の力で動くか、動力を持たずに地震で揺れた力を利用して動くかって違いだよ。

B主任: ますます、こんがらかりますな。

J課長: 揺れが起こったときにコンピューター制御で揺れと反対の方へおもりを揺すって打ち消すのがアクティブ・マス・ダンパー。揺れが起こったときに地震の力でおもり

PART.5 難問、上を行く

B主任　も揺れるんだけど、建物と同じ周期で逆方向へ揺れることでお互いの揺れが打ち消し合ってくれるっていうのがパッシブ・マス・ダンパー。

J課長　ここはその両方が入っとるからハイブリッドっちゅうことですな。

B主任　複合型と言ってほしいねぇ。ま、後で見てくるといいよ。

J課長　しかし今回はこの優雅な意匠を崩されへんのですわ。こないなごっついおもりを仕込むスペースは、飾りの中っちゅうてもありませんがな。

I課長　いや、この飾り自体をおもりにすればいいんだよ。

J課長　そうですね、J課長。

B主任　そう、ここで縁を切って(※6)、この部分だけ動けるようにするんだ。

J課長　どう動けばええんですか？　その耳が。

B主任　少しだけ動くようにしておけばいいんだ、こんな

(※6) 縁を切って……繋がっていたものを切り離すときの言い方。

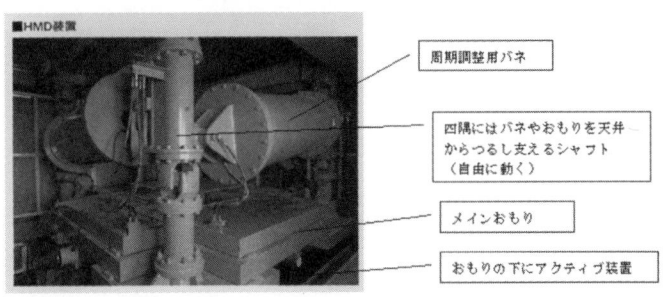

光が丘にあるハイブリッド・マス・ダンパー（HMD）

- 周期調整用バネ
- 四隅にはバネやおもりを天井からつるし支えるシャフト（自由に動く）
- メインおもり
- おもりの下にアクティブ装置

C主任:　感じでリニアモーターを仕込んでアクティブ制御だ。

J課長:　こんなちょっとの動きでいいんですか？　動きの大きさは関係ないんだ、起こす加速度が重要だから。

B主任:　なるほど。これなら制振装置を取り付けることで形を崩さなくてええし、逆に意匠を巧く利用してって、ちょっとオモロイですな。

I課長:　橋脚のシルエットが若干乱れるってことで、もしかしたら発注者さんには却下されるかもしれないけど、ユニークな解決法ではありますからね。

J課長:　うん。さらにアクティブ制御だから、風だけでなく地震や列車で起きる振動の吸収にも有効だよ。

C主任:　これで構造への負荷が大幅に軽減できるというわけですね。あの繊細なラインのまま実現できるのか、凄い！

B主任:　よっしゃ、これでいけるで、Cくん。飯田橋に急ぎ戻るぞ！（と早くもダッシュ）

C主任:　どうもありがとうございました！　B主任、戻る前に屋上のダンパー見てかないんですかぁ！

B主任:　（遠くから）そぉおやったぁ〜〜〜。

この部分を
おもりとして
使う

おもりを
動かす
リニア
駆動の
モーター

この部分をおもりとして、リニアモーターなどの動力で動かします

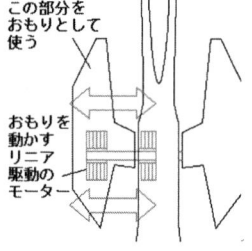

PART.5 難問、上を行く

J課長 おーい！ ちょっと。まだ、まだなんだよ〜。
I課長 Bくんは仕事に対して熱いのは良いけど、落ち着きが欲しいよね。まだ座屈の話があったのに。
J課長 日頃から叫びながらロボット運転したりするお客さんとばかり付き合ってるとああなるんだろうね。まっ、詳細図面引いてもらうのに飯田橋のK部長んとこ行くだろ。そこで言ってもらえるよ。

③ 難問2・座屈の対策

本店飯田橋の6階、建築部 技術支援グループフロアにて、B主任、C主任がK部長を訪問中。

K部長

飯田橋本社 建築部・技術支援グループ所属（当時）。I課長、J課長にとって以前の直属の上司で、今は飯田橋にいる。強面だが話すと気さく。ヘビースモーカーなので実はB主任、C主任とはフロア内の喫煙コーナーで打ち合わせている。B主任は絶えず吐き出される煙を見ながら、心の中で汽車が走り続けていたという。

K部長 🍄　I君とJ君は、ホントにこれだけでいけるって言ってた?

B主任 👮　言うたも何も目輝かして「あの繊細なラインのまま実現できるのか、凄い!」って言うてましたがな。

C主任 👷　それ私が言ったんですけど。

K部長 🍄　う〜ん、こんなにヒョロ長い脚だったらちょっともたないなあ、「座屈」が起きるな。もう一工夫必要だね。

B主任 👮　座屈?

K部長 🍄　え〜と、例えばこれ。シャーペンの芯を親指と人差し指の間に立ててな、両側から押しただけで折ることできる?

B主任 👮　そりゃできますやろ。(やってみる)指に刺さって激イタイですわ。結構丈夫ですな……エイッ。ほら折れた。

C主任 👷　今、最後は曲がって折れましたよね。

K部長 🍄　うんうん、そこだね。つまりね、こういう細長い物だと真っ直ぐ両側から押してるつもりでも何かの拍子に斜めになることがある。そうすると真ん中が張り出してそこへ力が集中するから折れてしまうんだよ。

こういう変形が起きたらそのまま破壊まで一気に進みます

PART.5 難問、上を行く

B主任: はい、結構耐えとりましたがその通り折れました。

K部長: しかも一度こういう変形が起こると、力を抜かない限り元へ戻せない。この、起こり始めると立て直しのきかない変形モードが現れて一気に壊れる現象のことを座屈っていうんだ。特に細長い物は要注意だ。これが起こると計算上耐えられるはずの物も壊れてしまうから怖い。

C主任: これまた厄介な話ですね。

B主任: 頭痛うなるわ。

K部長: 基本的には真ん中のたわみを押さえるようにしてやれば座屈は起こり難くなる。この2本の橋脚の間に横桁を渡してつないでしまえば一番効果的なんだけど、形は変えたら駄目なのかい？

C主任: 発注者さんのオーダーです。画面に出てくる絵がそうなっているものですから。

座屈防止のために橋脚の間に横桁を渡すK部長の案。これはさすがに却下

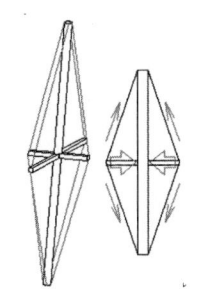

K部長によるワイヤーを用いた座屈防止の提案。ワイヤーをピンと張ると出っ張りに力がかかって柱を横方向から押さえる力になります

B主任: 銀河鉄道の発車台が送電線の鉄塔みたいになってまうのはあんまりやと思いませんか。

K部長: わかった。確かに横桁はこの場合無粋だしな、入れるのは避けよう。そしたらねぇ、こういう手もあるよ。

C主任: 何ですかこれは？

K部長: 柱の中間点に出っ張りを出して、ここからワイヤーを出して上下と結ぶんだ。こうすることで横方向の変形を抑えるから座屈しにくくなるんだ。できればこの出っ張りを何カ所にも付けられればもっといいよ。

C主任: これで座屈が防止できるんですか。

K部長: フランスにある新凱旋門のエレベーターの骨組みも、この技術で座屈を抑えているんだよ。あの、めちゃくちゃ高くて全方位ガラス張りになってるやつ。うちの施工じゃないけどね。

B主任: しかしなんだかこれだと、髭と紐がうるさい気もしますな。これも施主さんの判断次第ですね。遠くから見たらワイヤーはほとんど見えなくなりますから、この案なら比較的設定資料通りになるでしょう。でも2本の橋脚の間に桁を渡す案の方が簡単でかえって好まれるかもしれないし。一応うちとしてはワ

ちょっと分かりづらいですが、発見できましたか?

PART.5 難問、上を行く

B主任
K部長
C主任

イヤー案を推す方向にしましょう。

まっ、代替案として桁の方も残しとった方がええね。

どちらにせよ橋脚の形は変えずにサポート技術で対策を取ろうっていう方法だから、本当はもっと脚をガッチリ太くできるのが一番いいとは思ってるんだけどね。俺に言わせりゃ、基本がそんなに良くない自動車にターボやらアクティブ・サスやら4輪トルク電子制御を入れて無理矢理速くしてる感じだよ。

お？　うちの鉄チャン部長だけかと思ったら、今度はくるまオタク部長の登場ですね。

一難去ってまた一難、そしてさらなる問題がファンタジー営業部を阻む。

次章PART.6「2本のレールの行方」に停まります。

PART.6
2本のレールの行方

1 遠くない未来――

橋脚の検討はひとまず終了。いよいよ上に渡してあるレールと枕木をどうやって造るかについて頭を悩まさなければいけないファンタジー営業部の面々であった。

ファンタジー営業部、A部長、B主任、C主任、D職員打ち合わせ中。

B主任：そういえば昔な、うちに999のパスがあったわ。

C主任：なんで？どこで買ったんですか？

B主任：駄菓子屋のガチャガチャで。高いことは高かったで、銀河鉄道のパスだけあって。当時ガチャガチャって言うたら1回20円てとこやったけど、50円くらいしたと思うわ。

D職員：今、ガシャって1回200円とか300円するんですけど。

B主任：ちゃうで、Dくん。当たりとはずれがあって、当た

誰もがうらやむ999の無期限パス

PART.6 2本のレールの行方

C主任 🍄: りって書いてある球が出てきたら店のおばちゃんに言うてパスと引き換えてもらえるんよ。こっれが、なかなか出てきぃひんのよ。なのに友達が一発で当てよってな。

B主任 🍄: う〜ん、言われてみればあったような気がするなあ。僕は持ってなかったけど。

C主任 🍄: 今にして思えばあれは運命的な出会いをもとめてたんやね、こういう仕事をしとるわけやから。この発車用の線路が完成した暁には、あのパスを持っていよいよ遠い星へ行けるっちゅうこっちゃ。憧れのラーメタル星へ。

B主任 🍄: そのパス今もとってあるんですか。名前は真っ先に書いたわ、そりゃ。

C主任 🍄: どっかにあるはずや。名前は書いたんですか？

D職員 👦: 書いてしまいましたか。じゃあそのパスはもうB主任のものですね。

B主任 🍄: B主任だったらきっといいネジになれますよ。

C主任 🍄: そうそう、M36（※1）くらいのな。

B主任 🍄: めちゃめちゃ大きいボルトですね。

C主任 🍄: ほんならちょっと謙虚にM24くらいにしとこうか。

B主任 🍄: ってネジかい！

(※1) M36……ボルトの規格を指します。M36は直径が約36㎜、土木工事でもこれだけ大きい物はあまり使いません。人力では締めるのも一苦労です。

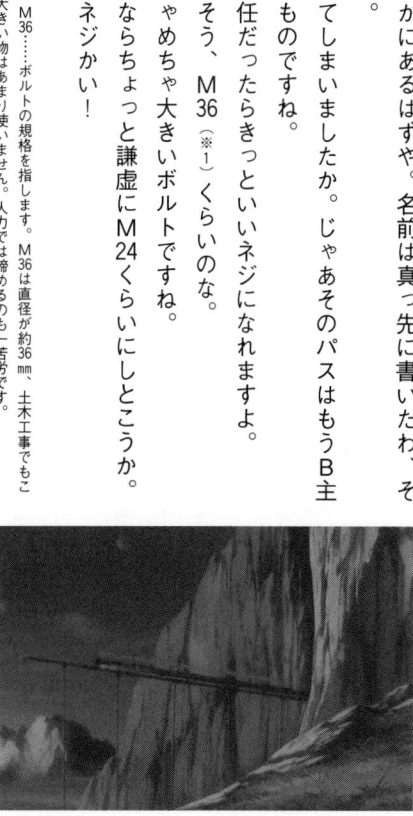

B主任の憧れのラーメタル星。『さよなら銀河鉄道999』より

D 職員　９９９の行き先を知らないとは言わせませんよ。

B 主任　ネジはいやや。機械の体もいらんけど。

D 職員　何しに行くんですか。

B 主任　食堂車でメーテルに「ビフテキ」って間近で囁いてもらいたい。

C 主任　なんにせよパスを探しておかないといけませんね。モノが無いと、あの車掌さんは乗せてくれませんよ。銀河鉄道規則は厳しいですから。

D 職員　期限って無いんですか？

B 主任　無期限や、それは覚えとる。

A 部長　ああ、それって確かうちの子も持ってたよ。「死ぬまで有効　なめんなよ」ってやつだろう？

B・C・D　それは違います。

2　橋の種類

B 主任　ようやく橋脚は立ち上がったけれど、桁も大変だね。

C 主任　そもそもこちらが難しいと思ってたのに、橋脚だけでも課題がてんこ盛りでしたね。

PART.6 2本のレールの行方

D職員 どう見てもあのレールだけで機関車や客車を支えられるとは思えないんですけど。

B主任 そうやなあ。

D職員 前にレールをピンと張って綱渡りにすればできるんじゃないかって話をしましたけど、いま普通にある橋の技術だと全く無理なんですか?

C主任 このスパン(※2)だと橋脚の間に橋桁を渡す方法になるね。いわゆる桁橋だよ。ただし、桁だけで支えるからどうしても構造がごつくなりがちという難点があるね。

B主任 そもそも橋っちゅうのんは遠くのあっちとこっちをつないで渡れるようにするために造られるもんやから、長いスパンを飛ばすことが多いわな。そんとき桁が厚うならんようにいろいろ支える工夫をしとるのは確かやね。

B主任 桁を薄くする方法で何か今回の物件に使えそうなものはありませんか。

D職員 例えばうちも施工に携わった明石海峡大橋は2km近くスパンがあるんやけど、これは吊り橋や。まずワイヤーを渡しておいて、それに桁をぶら下げとる形や。見た目はロングスパンやけど、桁自体はワイヤーに吊られて細かく支えられとることになるね。だからスリムにできるわけや。

C主任 大きい橋で馴染みの深いところでは、横浜のベイブリッジが斜張橋で造られているね。名前の通り、ワイヤーを斜めに張って桁を引っ張り上げて支えている方法。

(※2) スパン……橋脚と橋脚の間。径間。

B主任
　うちのおかんは、あれは橋脚が倒れんようにワイヤー張って支えとると思ってたらしいけどな。逆や。橋脚が桁を引っ張っとるんや。こういうのは桁を吊り上げて支えているから、今回の物件みたいに橋脚が桁の下までしか来ていない形を先に特定されると、無理だね。

C主任
　そうですか。

B主任
　逆に桁を下から支えようっちゅう発想なら、アーチ橋っちゅう手があるわ。アーチの形が潰れにくいのを利用してそれで桁を支える方法や。見た目で大きく上アーチと下アーチに分けられるわな。上アーチだと吊り上げることになるけど、下アーチなら桁の下までしか橋脚が来とらんくてもええで。

D職員
　なるほど。

B主任
　問題は、アーチの根元に力が集中するんでそこを頑丈に造らなあかんことと、やっぱ見た目が作中のものとは変わってしまうっちゅうことやわな。

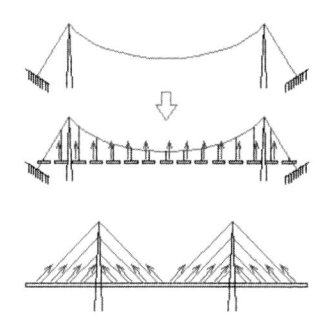

（上）吊り橋と（下）斜張橋。桁を引っ張り上げて支えています

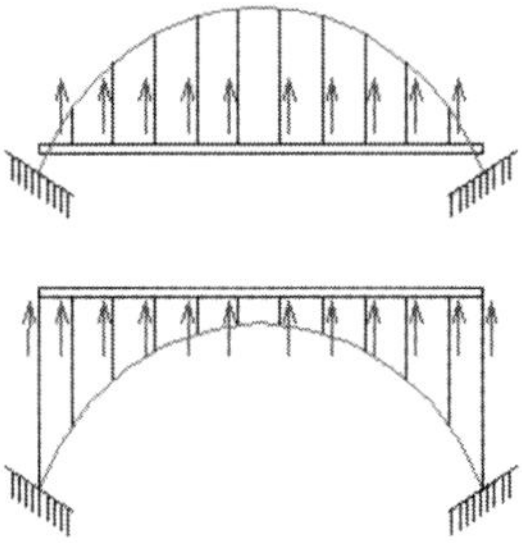

アーチ橋を見た目で大きく分けると（上）上アーチと（下）下アーチになります。アーチの構造で桁を支えています

PART.6 2本のレールの行方

D職員: 一長一短ですね。

C主任: あとはトラス橋とか。三角を組み立ててゆくと簡単に丈夫な骨組みが出来るっていう方法だけど、これも形に特徴があるから難しいかもね。

D職員: PC橋は?

B主任: あれはコンクリート橋の桁を薄くするための工夫やけど、今回コンクリートは使えんやろな。

D職員: 難しいですね。

3 オーソドックスに桁橋で計算した場合

B主任: ちゅうこって、おそらく一番作品に忠実に架けるんなら桁や。しかしこれやとかなりごっつくなることが容易に想像されるわな。詳しく検討する前に簡単に当たりつけとくのも大事やし、まずは桁で計算してみよか。おやDくん、ええ笑顔しとるね。

D職員: 違います、引きつってるんです。計算するんですか、面倒そうですね。

C主任: 当たり計算(※3)だから、なるべく条件を簡単に置き換えて概略を見るだけだよ。大丈夫。スパンはいくらにしたっけ?

D職員：列車1両分くらいの長さだったんで、それを目安に20mにしました。

B主任：999は機関車が一番重いんやろね。確か設定では……

D職員：210tです。

B主任：これをごっつ簡単に考えて分布荷重(※4)としよか。となると、こんな形の桁の問題を解けばええことになるな。

D職員：うわぁ構造力学、苦手だったんですよ。

B主任：大事やから面倒がらずにちゃんと解いてみい。その間に正解は構造力学公式集で見といたるから。

D職員：なんだ、公式がもうあるんじゃないですか。世の中そんなもんや。え〜とパラパラパラと、曲げモーメント(※5)の最大値は8分の1かける210tかける20mや。電卓ある？そのくらいならやります。えっと、5250kN・mです。これをどうすればいいんですか？

B主任：赤本(※6)に鋼材の断面係数(※7)が出とるから、それで割って持つH鋼を探してくれんか。レールは2本あるから桁も2本で考えてもらってええよ。

桁を最も単純化して考えると、こういう構造力学の問題になります

PART.6 2本のレールの行方

D職員 （Dくん、しばし計算中）

出ました。普通のH鋼じゃ超極厚でもギリギリ無理です。特殊な圧延方法で製造された超極厚H鋼っていうのがあって、それなら桁高600mmくらいのが2本になります。あの〜、脇に但し書きがしてあって、常時造ってないのであらかじめ相談してほしいとのことです。受注生産なんだ。さすがにいつも需要があるわけじゃないんだろうな。

C主任 これってレールの代わりにするには大きすぎですよね。

D職員 もうちょいごつかったらモノレールみたいや。

B主任 確かに直接レールの代わりに使ってしまうにはバランスが悪いね。枕木の中に仕込むのはどうだろう。こんな絵にしたらわかると思うけど。

C主任 ああ、この枕木がバラバラじゃなくて実はH鋼で繋がってるんですね。今回、枕木は線路

（※3）当たり計算……概略を当たるための、ざっとした計算の意。

（※4）分布荷重……荷重の考え方の一つ。実際には列車の荷重は車輪が当たっている部分だけに集中してかかっていますが、簡単に計算するため全面へ一様に分布してかかっているものと仮定したもの。車輪の数が多ければこのような仮定に近い状況になります。

（※5）曲げモーメント……桁が重さでしなるときに発生する桁を曲げようとする力。これが大きいほど桁は頑丈に造らないといけません。ちなみに長さLの単純梁に等分布荷重qがかかっているときの最大の曲げモーメントは中心の位置に発生し、その値は$qL^2/8$となります。

（※6）赤本……同じ土木業界でもジャンルによってそれぞれ「赤本」と呼ぶものが違いますが、この場合、鋼材表のこと。新日本製鐵さんの「建設用資材ハンドブック」の表紙が赤かったことからこう呼ばれています。今はCD-ROMになっていたりしますが。

（※7）断面係数……桁の曲げモーメントに対する抵抗の大きさを表す指標。桁断面の寸法と形状により決定します。一般にH鋼、I-ビーム等と呼ばれる、断面がアルファベットのHやIの形をしたものが軽くて断面係数が大きい形状です。

最大値＝$qL^2/8$

C主任: のゲージを保つだけのためでしかありませんでしたから、もう一つ役割を与えると存在意義がぐっと増しますね。

B主任: うん、ただし映画版第2作で壊れるときのシーンみたいにはならなくなるけどね。

C主任: なるほどね、それがあるんか。どのシーンの再現を優先させるかの割り切りやけどね。やっぱ遠目で見てOKならええんちゃう？

B主任: 通しですか。

A主任: 通しや。おっと、一番厳しい鉄チャン部長の意見を聞かな。部長いかがですか。

B主任: オーソドックスに桁でやろうとするなら、最低でもこんなイメージになるということでいいんじゃないか。ただし、ここをスタートラインにもっと細く、究極としては作品に出てくるのと同様にレールだけになるようなものを模索してほしいね。

A部長: あくまでももっと映像に忠実に、っちゅうことですな。

B主任: うん、新しいことを盛り込もうとすると大変だろうけど、頼むよ。

D職員: これは施工するときには20mのH鋼をポンポンと橋脚の間に置いてゆけばいいんですか。

（上）桁をそのままレールに使うとごつくなりすぎます（ゲージ＝1067mm）
（下）桁を枕木の中に仕込んでみた場合。多少枕木が厚ぼったくなります

PART.6 2本のレールの行方

B主任　橋脚立てるときのクレーンがあるから、それを使うたら一括施工ができるわな。

C主任　いやこれですね、何個か繋げておくと999が走ってくるときの桁のたわみが減るんで長尺にしたいんですけど。

B主任　ほんなら普通のクレーンやなくって、エメラルダスはんの船に頼んでガーンと吊ってもらわな。

D職員　キャプテン・ハーロックのアルカディア号の方が、男手が多くて良いんじゃないですか?

B主任　いや、皆さん工事用ヘルメットかぶるのかな、って。蛍さんもキャプテン・ハーロックも。

D職員　結局あの手の女性に弱いわけですね。

B主任　そんときゃレシーバーで俺合図するわ。向こうのオペさんは有紀蛍はんで。

D職員　なんか言うた?

B主任　キャプテン・ハーロックのアルカディア号の方が、男手が多くて良いんじゃないですか?

C主任　似合いそうなのは副長くらいだけどね。

A部長　こらこら、施工にはこっちの世界の建設機械しか使ってはいけないよ。

B主任　ん〜ほんなら、下からずっと送り出して架けるか。

D職員　長尺っていっても工場から運んでくるとき長いままじゃ持ってこれませんよね。

C主任　現場で溶接するしかないね。つなぎ目にX線探査が必要だ。

D職員　何ですかそれは。

C主任 👷 溶接部に空洞が入ってないか、X線で写真を撮って確認する検査方法だよ。

D職員 👷 人の体以外にもそういうことに使われてるんですか。

B主任 👷 メーテルが生身の体かどうか確かめるのにも使えるけどな。

C主任 👷 映画版第1作のアンタレスみたいなこと言ってますね。

B主任 👷 あれがホンマにレントゲンみたいなもんやったら、結構長い時間X線浴びせっぱなしやから生身の体だと逆にごっつ危ない装置だけどね。

果たしてこの後、どこまでレールと枕木だけの線路に迫れるのか。銀河鉄道最大の難問に挑みます。

次章PART・7「タイトロープを狙え」に停まります。

PART.7

タイトロープを狙え

1 綱渡りにできるの？

レールと枕木は普通に造ると厚くなりすぎるため、スリム化の方法を仕切り直して再考するファンタジー営業部の面々であった。

ファンタジー営業部、Dくん戻ってくる。

B主任 😀 　おっ、Dくんお疲れさんっ。今日は新入社員研修やったっけ。なに教えてきたん？
D職員 🙂 　トレーナーですから、グループワーキングの相談役です。
A部長 😀 　Dくんもいよいよ2年生で先輩か。ま、うちの部は相変わらずこの4人だけどね。
D主任 😀 　で、今年の新入社員はどうだった？
B主任 😀 　トレーナーの自己紹介のときに聞いたら、ファンタジー営業部を知らなかった子が一人いました。
C主任 😀 　えっ!? 一人しか知らなかったの？
D職員 🙂 　逆です、一人以外は全員知ってました。
B主任 😀 　Cくん、皆自分が入る会社のことにそんなに無関心ちゃうで。
C主任 😀 　うわ、それってすごく嬉しいですね。

PART.7 タイトロープを狙え

D職員: 知らなかった一人にもちゃんと教えておきましたから、バッチリです。

B主任: でも、皆ファンタジー営業部があるからうちの会社へ入ろうと思ったわけではなかったみたいです。

まあそりゃそうや。

D職員: A部長、B主任、C主任、D職員、打ち合わせ中。

C主任: 理想的には細いレールだけが2本架かっていて、その上を999が走って行くんですよね。

D職員: 作品世界としては完全にそのイメージだろうね。

C主任: もしそうしたとしたら、現実に問題となるのは何なんですか？

D職員: あれだけ細いレールの上に999が乗ると、レールがたわむことだね。基本的に桁と違って剛性の低いレールだから、荷重がかかるとたわみが大きく出る。しかもスパンが20mと長いからなおさらだ。サーカスの綱渡りをしているようなものだね。

B主任: Dくん、スキー場でリフト乗ったことあるやろ。リフトも支柱から支柱へワイヤー渡してあるからよう似たたわみ方をしとるけど、トコトコ走っとって支柱んところへ来るとクイッと持ち上がる動きすんのわかる？ ああいう乗り心地になってまうやろね。

D職員: まして速くなれば衝撃でカックンとなって車輪が浮きそうですね。脱輪の恐れがあるかも。

B主任: 綱をピンと張ればたわみは少なくできるけど、0には絶対に0にはならんからね。しかも999がごっつ重いし、相当の力で張らんとカックンは起こってまうんちゃうか。

C主任: それと引っ張りをかけるのにも問題があって、結局引っ張ってる端っこを最後の橋脚で止めないといけないでしょ。

D職員: そういうことになりますね。

C主任: そうすると橋脚が高い分、テコの原理で橋脚の根元にものすごい力がかかるんだよ。それで壊れないようにするためには、最後の1本だけはものすごく丈夫な形に設計し直さないといけなくなる。

D職員: 橋脚は全部同じ大きさにしたいですね。

B主任: おおっ、ええこと思いついたで。

C主任: 最後の1本を太くしない方法ですか？

B主任: Cくんは建築学科出身やから知らんかわからんけど、土木工学科やと橋のデザインの授業で見せられる、スペインのアラミージョ橋っちゅうのがあるんよ。建築家カラト・ラバのデザインで斜張橋の一種なん

橋脚の上はレールだけにしてピンと張ろうとすると、最後の橋脚に大きな力がかかります

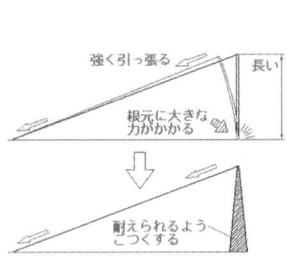

強く引っ張る
長い
根元に大きな力がかかる
⇩
耐えられるようにつくする

PART.7 タイトロープを狙え

D職員: やけどな、橋脚が傾いとってこれの倒れる力がワイヤーを引っ張って桁を吊り上げとるんよ。

B主任: ああ、確かにスライド見たことあるような気がします。

D職員: 普通にいったら斜張橋いうんは両側からワイヤー張っとかんと力の釣り合いがとれんのやけど、これは片側だけにしたっちゅうことで、ごっつ珍しいんですわ。

C主任: なるほど、今回の999の発車台も最後の1本だけを傾かせてやれば自重でワイヤーを引っ張る形になるから、スリムにできることになりますね。

B主任: ちょっと待ってください、並んで立ってる橋脚の最後の1本だけ傾いてるのっておかしくないですか？

C主任: 変か？

B主任: 自重を引っ張る力に変えるということは、結

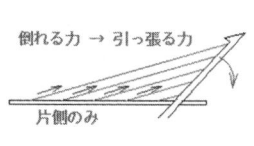

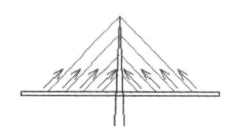

倒れる力 → 引っ張る力
片側のみ

（上）アラミージョ橋の概略。橋脚が傾けてあり、倒れる力がワイヤーを引っ張る力と釣り合っているという高度な技術です
（下）通常の斜張橋。両側から引っ張ることで左右のバランスがとれてます

スペイン、アラミージョ橋
倉西茂 東北大学名誉教授HP 「橋梁100選」より
http://www.civil.tohoku.ac.jp/~sugawara/kura100.htm

C主任🪖　構傾けておかないといけないんじゃないんですか？　それだと見た目にも大きく傾いてるのがわかるくらいになると思うんです。最後の1本だけ。それってやっぱり映像の中に出てくる橋脚と違いますよ。

A部長　全部傾ければいいんじゃないか？

C主任🪖　いや部長、それも変です。しかも目の錯覚かもしれませんが勾配がもっときつく見えます。

B主任　ということは、最後の1本はごつくするしかないみたいやね。これが最大のネックというわけや。

A部長　綱渡りさせるのは、デザイン上の制約で実現不可能だ。では、今の我々ができる最善策を考えないといけないな。

2 今ある桁をとにかくスリム化させてみよう

C主任🪖　となると一番最初に当たり計算したH鋼の桁を如何に小さくしてレールの下に仕込

最後の1本だけ傾けると→

全部傾けると

（上）最後の1本だけ傾けると明らかに形が変わってしまいます
（下）全部傾けても遠目に傾いているのがわかる角度なのでイメージと違ってしまいます

PART.7 タイトロープを狙え

A部長: むか、ということになるんですが。現実によく使われている橋の補強方法としては、駒を噛ませるのがあるね。

D職員: コマ? それはなんですか。

A部長: 桁の中央にブロックを入れて、桁の両端からワイヤーで引っ張るんだ。そうすると真ん中を下から支える力になっているのがわかるだろ?

C主任: あれ、これって、橋脚の座屈防止のときに教えてもらった補強と同じですね。新凱旋門のエレベーターシャフトの補強に使われていた、あの。

A部長: そうそう。ただしこっちはあれよりずっと大きいものになるよ、支える力がまるっきり違うから。

C主任: となると目立ちますね。

B主任: 座屈防止のんは遠目には見えへんちゅうことで良しとしましたけど、これはいかんですわ部長、美しくないにも程がありますわ。

D職員: B主任、今度は僕がいいことを思いつきました。

B主任: なんやのん。急に。

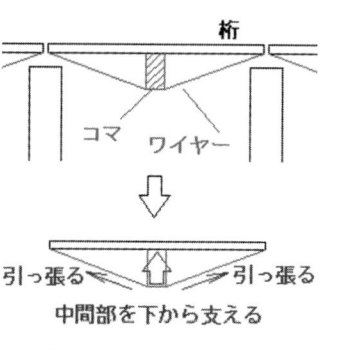

通常よく用いられる橋の補強方法

D職員　透明な物で造ればいいんですよ。

B主任　そらまた単純明快な裏技やね。

C主任　うーん、確かに高層ビルなんかでは強化ガラスを構造部材として使ったりするね。

D職員　材料として透明な物って無いとは言わないけど、それで見た目が完全に消えるっていうのとはわけが違うからなあ。かえって太陽が反射して目立つかもしれないし。

B主任　空の色に塗って見えなくしましょうって言われるよりかは良かったわ、Dくん。

D職員　それは次に言おうと思ってました。

B主任　曇ってたらどないすんねんな。

C主任　逆光になってもシルエットが出てしまうから隠れませんね。

B主任　ちゅうこって部長、案としては具体的で実現性が高いですが、これもデザイン上の問題であかんですわ。

３ ちょっと無理して良い材料を使ってみよう

A部長　桁を渡すとしてこれを細くするには、通常の鉄よりも丈夫な素材を使うことが考えられるね。走行距離が３００ｍくらいの短い区間でのことだし、それは可能だろう。

PART.7 タイトロープを狙え

B主任：全線それでやったらお金がかかりすぎるけど、短い区間ならええっちゅうわけですな。

A部長：もちろん。そしてここで作品上の設定が珍しく我々に有利に働いてることがひとつあるよ。普通、鉄道の部材に新しい素材を使おうとすると、必ず繰り返し荷重(※1)の影響を確かめてからじゃないといけないんだけど、この発車台は使う頻度が極端に少ないから、それは考えずに使えるだろう。

B主任：年に1回ですから、100年で100回しか通らんですからな。都心の電車なんて1日で200本近く通りますわな。

D職員：桁が違いすぎますね。あ、桁って言っても数字の桁の方ですよ、B主任。オヤジ駄洒落じゃありませんからね。

B主任：わかっとるがな。しかし、うちらで勝手に地球へ来るのは1年に1回って言うてるけど、TVシリーズ100話以上放送しとるから片道2年はかかっとるかもしれん。最初の頃にでてくる星なんて平気で2週間やら停車しとるし(※2)。

C主任：停車時間はその星の1日分をとるルールになってますからね。逆にそれで収まって

（※1）繰り返し荷重……大きな荷重が繰り返しかかると段々部材が弱くなってしまう現象。航空機事故の原因でいわれる「金属疲労」というのが馴染みのある言葉かと思います。実際に荷重を繰り返しかける疲労試験を行って確かめる必要があります。

（※2）2週間やら停車しとるし……第3話「タイタンの眠れる戦士」、土星の惑星タイタンでの停車時間は16日。あとの方になると何故かこんなに停車時間が長い星は見あたらなくなります。

B主任: Dくん、今度全部の停車時間きちんと足しといてや。逆に999以外の列車が使ってる可能性もあるわな。前に部長も言うてたけど。

C主任: そうですね。地球を使う銀河鉄道の路線は、設定資料を洗い直して確認しておきます。でも鉄道にしては使用頻度が極端に少ないのは確かでしょうね。

D職員: 行くのに1年とか2年かかってるってことは、当然、帰りも同じだけかかるんですよね?

C主任: 劇場版第1作では最後に地球へ帰ってきてますけど、アッサリ戻ってます。帰ってくるのはワープや。そんなメーテルもクレアもおらん999に用はないし。

D職員: それはB主任が銀河鉄道の大株主にでもなってから決めてください。それにワープなんてできるんですか?

B主任: しとったよ。しかも列車の遅れを取り戻すためとか言うて。

TVシリーズ第109話「メーテルの旅(前編)」より。ワープ中に次元が交錯して別の世界でワープ中だった別の999と出会ってしまうお話でした

PART.7 タイトロープを狙え

D職員😀 それって、根本的な何かが崩れてしまう気がするんですが。

C主任🪖 話を戻しましょう。高強度の鋼材を使うとどうなりますか。

B主任🍄 いま実用化されとる最高級の材質が80kgクラス（780N／mm²）（※3）やね。ただしこれでH鋼の製品は造ってないから、自分らで鉄板溶接せなあかん。

C主任🪖 材料が特殊なうえに加工手間もかかるからかなりの特注価格になりそうですね。

B主任🍄 さて、Dくん、これでもう一回当たり計算してみてくれんかな。

（Dくん、しばし計算）

D職員😀 出ました。桁高が360㎜。前より20㎝も小さくなりました。

C主任🪖 360㎜か。完全に枕木の厚みに収めるにはあと一息ってところだな。

B主任🍄 いや、ここまでできたらもう大丈夫やろ。ずっと考えとったんやけど、橋脚とレールの接合部にも桁、隠せるし。

C主任🪖 ここまでくるとかなり映像の中のものに近いですね。

（※3）80kgクラス（780N／mm²）……引張強度を階級で表した言い方。汎用的に使われているのは400N／mm²、490N／mm²なので倍くらい強いことになります。

橋脚が枕木を支えている部分の厚みの中にも桁を隠すことが可能

A 部長 レールの下に長手方向の部材を入れて枕木はその幅止めしている方式だから若干違うといえば違うけど、放送当時から25年以上経ってラダーマクラギが土木技術として十分実用化されているのを踏まえれば、こういうのもすごく現実味が感じられる。

C 主任 そうですか。しかし気になるのは、ここまで細くすると桁といえどもたわみが大きくなるんじゃないでしょうか。

B 主任 そうやねんな。材料の強度を上げたっちゅうこととはたわみがキツくても大丈夫な材料にしたっちゅうだけやから、たわみはバンバン出とるはずや。Dくん、それも当たり計算してみてくれへん?

（Dくん無言でまた計算）

D 職員 出ました。25cm。
B 主任 うわ、すご。
D 職員 華奢だし、これだけたわみも大きく出ていると、

写真上／ラダーマクラギの基本構造
写真左／JR北海道 学園都市線
©財団法人 鉄道総合技術研究所

C主任 　桁を使ってはいますが結果的にはやはり綱渡りのイメージに近いものになってますね。

A部長 　普通の鉄道では考えられないくらい沈み込んでますね、どうしましょう。

C主任 　あらかじめ上反りに造っておいて、物が乗ったときに真っ直ぐになるようにする方法があるよ。今回既製のH鋼じゃなくて鉄板から加工して造らないといけないから、そのときそういう設計にしておくというのは可能じゃないかな。20ｍのスパンで25cmだろ、完全には抑制はできないかもしれないけど、多少は沈む乗り心地になってもあとは程度の問題だね。

B主任 　あんまりむりやり上反りさせると錦帯橋みたいになってしまいますからね。

C主任 　そや。今度は上方向に弾んでボコンボコンの乗り心地や。

D職員 　なんですか？

B主任 　乗り心地言うてるけどな。線路が20度も傾いとって、特に後ろ向きに座っているメーテルはズリ落ちんよう必死で、それどころの騒ぎじゃないと思うわ。

　B主任がメーテルのエレガントさに傷が付く事態を心配している間に施工方法の検討が始まります。そして使用する機械といえばF課長が再登場。次章PART.8「スペックアンサー」に停まります。

COLUMN.2
このプロジェクトを行うにあたってのルールを決めました

銀河鉄道999の発車台を造ろうと作品を見直していると、いろいろな場面が出てくることを再発見しました。本文でも書きましたが、TVシリーズと劇場版では駅のホームや橋脚の耳の形が違うとか、ラーメタル星でも全く同じ形の橋脚が使われているとか。

複数の場面からそれぞれ自分たちに有利な設定だけをピックアップしてしまえば、施工は簡単になります。また作中に出てくる表現を作為的に自分たちに有利に解釈することというのも可能です。しかしもちろん、それをやってしまうとこのプロジェクト自体が公正さに欠けるものになってしまいます。よってこれを進めるにあたって以下の4つのルールを設定し、それに則ることとしました。

-
-
-

（1）透明な材料は使わない

とにかく橋脚が細い、レールが細いというのをどうクリアするかが本プロジェクトのポイントになっています。部材で補助されているのだけど透明なのでそれは見えない、ということにしてしまえば、設計が格段に楽になります。作品の世界観として、銀河鉄道は途切れたレールの先は見えない軌道上を走っているという解釈もありますし、またクレアさんの体みたいなクリスタル系の物質が存在していることもあります。なのでガラスのように透明で汚れがつきにくく強度も高い、そんな材料を使ってしまってもなんら不整合は起

PART.7 タイトロープを狙え

きないはずです。そうしたら難なく999の発車台が造られてしまえるでしょう。しかし、よく考えてみてください。最終的には見積もりを出さないといけないのですが、その超クリスタルな材料ってお値段はいくらなんでしょう。未知の材料は、単価も未知です。

現実にある材料を使って造ること、それを第一のルールとしました。

● ● ●

(2) キャプテン・ハーロックのアルカディア号をクレーン代わりに使わない

松本零士先生による数多くの作品群の魅力の一つとして、全く別々の作品がときどきクロスオーバーすることが挙げられます。例えば『銀河鉄道999』にはキャプテン・ハーロックが登場し、ファンを喜ばせました。となるとこの発車台の工事中にアルカディア号が突如現れて助けてくれることも、世界観としてはアリではないかと考えられます。大型クレーンの代わりに重い荷を吊ってくれればこんな助かることはありません。しかも友のために無料でしょう。もう一度よく考えてみてください。発車台の見積もりを出そうというのに、部分的にお友達価格が入ってくるのはいいのでしょうか。

建設機械も現実にある物を使うこと、それを第二のルールとしました。

他にも松本先生の作品では『惑星ロボ ダンガードA』のダンガードAが身長が200mで、約100m

のこの橋脚を建てるのには実にちょうど良い大きさだったのですが、これも同じ理由で却下しました。

● ● ●

(3) TVシリーズと劇場版第1、2作のみを参考にする

いろいろな作品がクロスすること から派生して、もう一つ。

もしも検討を行った後に違った設定が発見され、それが本プロジェクトの内容と整合しない内容だったとすると、どちらを正とするか作品の分析からやり直さなくてはなりません。松本先生の膨大な作品群の全部に目を通して、『銀河鉄道999』のキャラが1コマでも登場して違ったことを言っていないかチェックすることなると、とんでもない労力です。

また先生ご自身が現在進行形で創作活動をされているため、今後発表されるすべての作品に対しても不一致が起こらないようにしなくてはいけません。それは不可能です。

ということで再現する設定の範囲を限定すること、特に『銀河鉄道999』と言ったときにイメージしやすいと考えられた、TVシリーズと劇場版第1、2作のみを対象とすることにしました。それが第三のルールです。

-
-
-

(4) 地球上の設定のみを参考にする

劇場版第2作に出てくるラーメタル星の橋脚が、地球のものと同じ形をしていることは先も述べました。他にも発着陸に高架橋を使うシーンは作品中のいろいろな星で出てきます。ということは高架橋は宇宙統一規格で、同じ形、同じ工法、同じ品質で造られる物にしないといけないのでしょうか。それはかなり難しい注文です。TVシリーズの第2話

「火星の赤い風」で停車した火星ですら、地球のすぐ隣の星でありながら重力・温度・大気組成・自然現象など条件が全く異なっているのです。

地球上に造ることを念頭に、地球から発車するシーンのみを参考にした検討を行う、これを第四のルールとしました。

-
-
-

以上の4つのルール、読者の皆様にもご納得いただけると幸いです。

PART.8
スペックアンサー

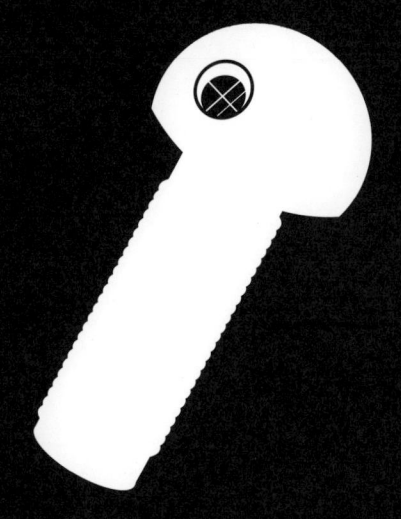

1 機械グループへ

施工機械について機械グループへ聞きにきたB主任、C主任。相手をしてくれるのはProject 01 マジンガーZ編でもお世話になったお馴染みF課長だった。

F課長

本店飯田橋 土木部機械グループ所属(当時)。マジンガーZ格納庫のプロジェクトに引き続き今回も登場、建設機械のことならお任せの頼りになる存在。C主任とは以前同じ現場にいた旧知の仲で、良き兄貴分。機械屋さんなので銀河鉄道999の汽車本体にずいぶんと興味があった様子。しかし、例によってそっちは検討に含まれていない。

機械グループ打ち合わせテーブルにて。機械グループF課長へB主任、C主任がヒアリング中。

F課長: 今回はDくんはお留守番? しかし君らは毎年この時期になると無理難題を言いに

PART.8 スペックアンサー

B主任: くるね。季節の風物詩ですわ。「山下達郎」は冬の季語、「機械グループ打ち合わせ」は5月の季語ってわけですねん。

F課長: サラリーマン川柳じゃないんだから。大体ナンデスカ「機械グループ打ち合わせ」って、それだけで12文字も使っちゃうし。

C主任: ということで、よろしくお願いします。

F課長: Cくん。そこで返歌を詠むくらいのコダワリが欲しかったデスネ。

B主任: F課長は『銀河鉄道999』はご覧になったことはありますか？ TVとか映画とか。

F課長: ズバリ見てない。けど、物の形はなんとなくわかる。なんでだろう。

B主任: 有名な作品なのでどっかで目にはしとるんやないですか？

F課長: ああ思い出した。子供の頃、友達が「999のレールだ」って言いながら、本を段々に積んでNゲージで再現してたからだ！

B主任: どないなりました。

F課長: 機関車が坂を上れずに車輪が空転して、火花散らして、モーター壊れてた。そりゃショックでしたでしょなぁ。Nゲージってえろう高かったですもんな。しかし、実際のでもそうなったら大変やな。

B主任: この橋脚の傾きは何度あるんだ？ ピンラック（※1）は付いてるんだろう？

マエダケンセツファンタジーエイキョウブ

C主任
20度あります。でも、画面ではピンラック用のレールは見えてないんでとりあえず普通のレールとして造っておいて、あとは機関車が何かしらのすごい力で上がってゆけるということだと解釈してます。

F課長
蒸気機関なんじゃないの？

B主任
一見蒸気で動いてますけど、すごいスチームボール（※2）積んでるとか。

C主任
それは違います。

B主任
手動で運転したこともあったんやけど、そんときは普通の汽車と同じに運転はしとったけどね。

F課長
うーん、謎だ。

2 クレーンのスペックは

B主任
以前REED工法で設計のH主任とこへ行った

B主任が考えたクレーンの方法
低い橋脚から造って、それを足掛かりにクレーンが上る

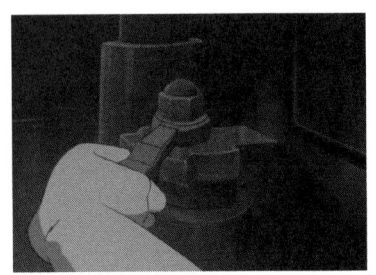

TVシリーズ第113話「青春の幻影 さらば999（後編）」より。コントロールを乗っ取られたので手動に切り替えて鉄郎が運転しました

PART.8 スペックアンサー

F課長 🧔
とき、クレーンが厳しゅうなるんちゃうかって言われたんですわ。それでちょっと機械グループでお話聞かなあかんと思ったわけでお邪魔させていただきました。

B主任 👩
最初は低いのんから造っていってその上にクレーン乗せて順々に造ってこうかと考えとったんですけど、それやとあかんですか。

F課長 🧔
それは厳しいね。まず、クレーンが斜めになった状態で使うことはないから水平にするための台が必要だ。次に、前の橋脚からだと次の橋脚の材料上げるときに作業半径が20mになるだろ。

F課長 🧔
ほんまですな、20mちゅうたら結構な距離ですな。

C主任 👷
テコの原理だから遠くの重い物吊ると、反力をとるために反対側に相応の重しが必要になる。そうすると、クレーン全体がものすごい重量になるから、多分完成した後に通る列車の重さを遥かに超えることになるはずだよ。

それじゃあ造ってるときの状態が一番厳しいことになりますね。その条件で設計や

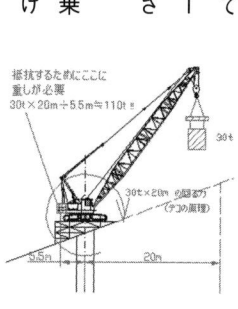

（※1）ピンラック……通常の車輪の他に歯車状の車輪を持ち、専用レールとの噛み合わせで急勾配の登坂を補助するシステム。一定の角度を超えると安全上付けなくてはなりません。

（※2）スチームボール……アニメ映画『スチームボーイ』（2004年）に出てくる、強力な蒸気圧を封入した球。

振抗するためにここに
重しが必要
30t×20m÷5.5m≒110t

30t

30t×20m の回転力
（テコの原理）

5.5m　20m

クレーン総重量は230t程度になるので、吊り荷と合わせて約260t。作業台や仮設桁の重さを含めると999の機関車重量210tを大幅に超えます

F課長　　り直さないといけなくなるんですか。そう。それはなんか理に適ってないだろ、列車が走ってるときの状態で完成形は決めたいよな。

B主任　　じゃ、超高層ビルの建築によく使うクライミングクレーンを脇に建てたらええんちゃいます？

F課長　　超高層ビルの建築の場合、そのビル全体と資材置き場の範囲を網羅できる位置に設置する。資材置き場の位置が決まっているから、一度設置すれば移動することはないけど、今回の場合、橋脚1本建て終わったら次のを造る位置まで分解して持ってって建て直さないといけないよね、このでかいクレーンを。

C主任　　橋脚13本ありますから、13回建て直すのは面倒ですね。

F課長　　クライミングクレーンだと選択の範囲が広いからバリエーションがきく利点があるだろうな。待てよ、肝心なこと聞くの忘れてたけど、どのくらいの重さの物吊るんだ？

C主任　　橋脚の一番上の飾りの部分で、分割して上げることにして大体30tと考えてます。

B主任　　それやったら、F課長やと何使います？

クライミングクレーン
（高さを順次上げることができる）

修正されたクレーン案、こっちの方がまだ現実的？

126

PART.8 スペックアンサー

F課長 吊り荷がそんなもんなら、凝ったこと考えず移動式の大型クレーンだな。橋脚が一つできたらあと次へと移動するのが楽だし。

B主任 そんな大型なん、ありません?

F課長 今ここにメーカーのカタログを持ってきたから探してみると、パラパラとめくったこのへんのなら30t持ち上げられて、しかも地上からでも十分ブーム(※3)が届く大きさのがあるぞ。ほら、これなんか160mだ、多少ブームを倒して使うとしても99・9mなら届く。

B主任 クラスでいうと何tくらいですか。

F課長 500tクラス。

B主任 見たことないですわ、そんな大きいの。

F課長 大きいたって上には上があるんだけどな。原子力発電所の建造で何百tもある原子炉を吊り上げて所定の位置へ設置するときに使う超大型クレーンが最大級だ。それから見れば500tはまだまだ小さいよ。けど、このクラスだと日本に1台とは言わないにしろ、数台しかな

ブームが160mあれば地上から橋脚の先端まで届きます

(※3) ブーム……クレーンの腕の部分。

B主任　いのは確かだから、ちゃんと前もって押さえておかないと急に言っても借りられないぞ。

F課長　そんなに稼働してますのん。

C主任　基本的に一カ所あたりの現場に居る時間が長いから。君らがよく使う10 tクレーンくらいの大きさだとトラック何台分かにばらして持ってきて現場で組み立てするけど、このクラスだと半日単位で借りられるだろう？　朝現場に来て昼には帰ったりするから、それだけで何日もかかる。

F課長　組み立てるだけで、ですか。

B主任　精度を重視するから組立に時間がかかるんだよ。そっからちゃんと検査して機能を確かめて、それでようやく現場で使えることになる。

F課長　簡単に出し入れできんのんですね。

B主任　そりゃそうだ。

　実は橋脚て全部99・9mと違ごて13本段々に高うなるんですわ。最初の数本て20mもないんで、やったらもっと小型のクレーン入れようかと思うとったんですわ。クレーンを入れ替える手間がそないに面倒なら全部大きいクレーンで通した

低い橋脚は小さめのクレーンで造る

(13本目) 99.9　(6本目) 48.9

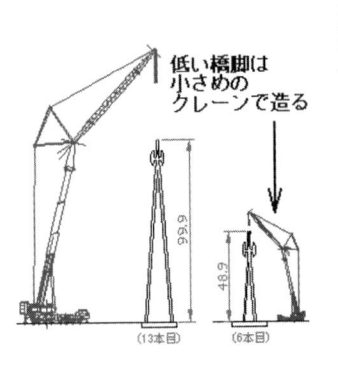

低い橋脚は小さめのクレーンで。高い橋脚は大きいクレーンで

PART.8 スペックアンサー

F課長　方がええんかわからんですな。

F課長　ふむ、それは一概には言えないな。損料、いわゆるレンタル料だけど、500tクラスだとばか高いから、低い橋脚は小さい規格の物を使ってなるべく大きいのを使う日数を減らすっていうのはありかもしれない。小さい橋脚を小さいクレーンで造ってる間に脇で500tを組み立てててもいいし、そしたら時間のロスが少ないし。組み立てるスペースはあるんだろう？

B主任　はい、とりあえず999が煙出して走ってるくらいですから、建物が隣接してるようなとこやったら煤煙でえらい苦情になってしまいます。

F課長　そういう理由なのか？　まあ、それだったらなんにせよ併用することを考えて効率の良い計画を立てた方がいいよ。

3 吊り荷の位置決め方法

C主任　あと、今回は斜めに傾いた状態で橋脚を2本同時に立ち上げてゆくわけですが、それは大丈夫ですか？　今までの実績だと真上へ組んでゆくのしかなかったと思いますが。

F課長 😀 う〜ん、それについては先に足場を組んで介添えしておくのが良いんだろうなあ。

C主任 🍄 斜めになってるとSEEDフォームの筒がカポッと入りづらいですが。

F課長 😀 それならこの斜面に台車を付けておいて、SEEDフォームの筒を乗っけて落とし込んでゆく、と。

C主任 🍄 なるほど、クレーンだけじゃなくて。

F課長 😀 地表面から上まではクレーンで上げるんだろうけど、クレーンで吊ったままブラブラしている状態でH鋼へ斜めに差し込むのは難しいし、なによりも荷が振れたときに作業員が危険だからね。一回台車に預けてしまえば据え付けのときの調整が楽だし、安全だ。となるとあとはこの台車を上下させる仕組みが必要だろうな。最初に全部足場組んで一番上にウインチを付けるか。こうやっとけばある程度自動化できるし。

B主任 🍄 ええんとちゃいます？

C主任 🍄 素晴らしいアイデアです！

??? ● 果たして、そうかな？

C主任 🍄 誰だっ！

台車を下ろすときのウインチは先に造ってしまいましょう

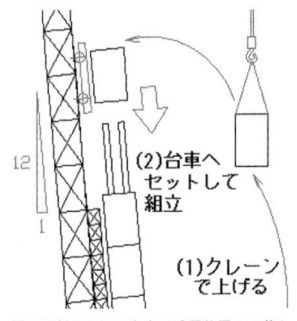

橋脚が斜めなので台車で設置位置まで落とし込むF課長のアイデア

突如機械グループに響く穏やかだが凜とした声。その正体やいかに。

4 助っ人参上、スケッと解決

B主任 何や、川本課長やないですか。何してたんですか？

川本課長 なんか楽しそうな話してるから、声かけてみたんだ。

B主任 川本はんも、一緒に検討してくれますの？

川本課長 いいよ。

F課長 実はちょっとこれから外で打ち合わせがあるんで、代わりに呼んだんだ。じゃ、後は頼んだよ。

B主任 行ってらっしゃい。

C主任 F課長行ってもうた。ちなみに本題に入る前に、川本課長はどんなアニメやら見とりました？

川本課長 こないだうちの子と『名探偵コナン』の映画（※4）見に行ったよ。飛行機の燃料が足りなくなって室蘭の埠頭に着陸するって話でさ、おれ室蘭出身だからさ、室蘭港の

マエダケンセツファンタジーエイギョウブ

B主任
: ことをいろいろ教えてやったらすっごい真剣に聞いてたよ。

築港は確か明治時代やったんちゃいますか。父親の仕事関係の話をお子さんが熱心に聞くなんて、ごっつええ話ですな。

B主任
: 結論から言えば、やっぱそのくらい小さい頃から洗脳が必要なんだよ！

川本課長
: これっていい話なんですか？よその家庭の教育方針に口出しはようせんわ。

B主任
C主任
: 大学生になったらもう建設系をやるって決めてるわけだから、それよりもっと早い段階の中学生とか小学生がよく知ってる物を、今後のファンタジー営業部は受注していくべきなんじゃないのか？

川本課長
: 話がそっちへ行きましたか。いや、うちも営業努力はしとるんですけどね。

B主任
: どうなのよ。

B主課長
: ご意見、よく心に留めておきます。

川本伸司

（かわもと しんじ）

前田建設工業株式会社　飯田橋本店　土木本部　土木部　機械グループ課長（H 16.6月現在）

入社して3年ほどは土木設計部でシールドトンネル関連の技術開発に従事。その後、技術開発管理部門に移り企画管理業務を行っていたが、GPS導入を担当したことで、大規模土工や海洋工事向けGPSシステムを開発し、無人化施工技術の開発にも携わる。2年前から土木部機械グループへ異動。休日は趣味と家族サービスを兼ね台所担当となることが多く、日々男性向け料理雑誌等でメニュー拡充に励んでいる。味付けが決まり、家族の「おいしい」の一言が聞けるのが何より楽しみ。

B主任、C主任の相談に親身に乗ってくれてます

PART.8 スペックアンサー

C主任😀 それより、さっき言われた「それはどうかな」ってどういう意味ですか？

川本課長 確かに安全という点ではこういう方法なら確実だろうな。でも俺から見るとちょっとオーバースペックな感じがする。

C主任😀 川本課長ならどうしますか。

川本課長 建築で高層ビルを造る現場ではクレーンで位置決めまでできる技術があるから、それを転用すればいい。具体的には、吊り荷を姿勢制御しながら所定の位置へ持ってゆくんだ。図で描くとこんなだな。

B主任🙂 吊り治具に姿勢制御するもんが何やら付いてるっちゅうことですか。

川本課長 そう、遠隔操作のウインチが2機付いてる。リモコン操作で片方だけ巻いて、この橋脚の傾きに合わせて空中で吊り荷を傾けた姿勢にして、そのままスッと落とし込んでやればいい。

C主任😀 実際には荷がよじれて回転がかかったりしそうなんで、難しいのではないかと思うんですが。

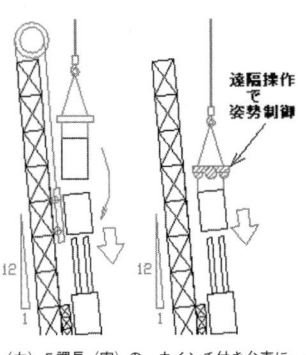

（左）F課長（案）の、ウインチ付き台車に一回預ける方式。（右）川本課長（案）の、姿勢制御できる吊り治具で下ろしてゆく方式

（※4）「名探偵コナン」の映画……2004年公開、劇場版第8作「銀翼の奇術師（マジシャン）」のことのようです。その後コナンは、2005年2月に社団法人 日本建設業団体連合会から発行された『名探偵コナン 建設FILE』で土木技術を子供にわかりやすく紹介するキャラクターとして採用されました。

川本課長　実際には難しいと言われても、実際にこれで使ってるんだけどな。まあ、そういうことが懸念されるときにはウインチの他にフライホイール（※5）も搭載されたタイプの物があるから、それを使って回転方向を制御すればいい。ただし、そこまでの物だとうちの会社では持ってないからレンタルしてこないと。やっぱ特殊なんだよ、超高層ビルの建設用っていうのは。

C主任　ああ、そこまで特殊なんですか。

B主任　あと安全面での話ですが、こないにクレーンで吊り荷のまんま位置決めしとると、高いところの作業やし、風で急に荷が揺れたときにそばにいる作業員が危ないっちゅうのが気になるんですが。

川本課長　そうだね、これだと粗位置決めまでは周囲に人払い（※6）が必要だろうな。SEED フォームがストライプHに通って荷が振れなくなったら微調整で人が入るようにすればいい。

B主任　そばで人が見て合図せんかったら、粗位置決めっちゅうてもようせんのとちゃいます？　クレーンのオペさんは100m下から見てるだけやし、上にも人がおらんかったら無理ちゃいますか。

川本課長　Bくん、うちの会社には無人化機械土工システ

フライホイール
ウインチ2台

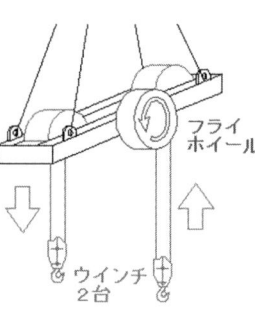

吊り治具に遠隔操作の姿勢制御機能を持たせます

PART.8 スペックアンサー

B主任：ム(※7)があるじゃないか。

川本課長：へ？ 遠隔操作のブルやバックホウのことですか。それとどういう関係が？

B主任：それに使っている「目」のシステムは同じ遠隔操作を支える技術として利用できるだろう。固定された何方向からかの監視と、あとクレーンのブームの先や足場にも付けておけばいいじゃないか。そこから送られてきた映像で吊り荷の状態を把握してクレーンのオペさんへ合図を出すんだよ。

C主任：なるほど、それなら大丈夫ですな。これで大体いけそうですね。その他に川本課長から見て今回の物件でなにか特に気になることってありますか？

川本課長：REED工法自体はたくさん施工実績があるん

（※5）フライホイール……はずみ車。重い円盤が回ることで回転方向の姿勢を制御する力になります。

（※6）人払い……内密な話をするときに聞いてもいい人以外は席を外させる「人払い」と基本的には同じ意味ですが、土木工事の場合、一人残らず立ち入り禁止にすること。

（※7）無人化機械土工システム……正式には「前田式無人化機械土工システム」。災害復旧など人が入れない場所での重機作業を、遠隔操作の重機で可能にしたシステム。

クレーン先端
車載カメラ

作業構台
の上

固定カメラ

車載カメラ

固定カメラ

無人化機械土工システムにも利用されているカメラの目

B主任：だけど、これを斜めに使うっていうのは実は初めてなんだよね。だからそれが意外に難しいんじゃないかと思ってる。例えば、SEEDフォームを筒状に組んだのをH鋼が立ってるところへカポッと通すときにさ、橋脚が斜めだとH鋼ってたわむよね。確かに1/12っちゅう渋い勾配になっとりますが、多少はたわむでしょうな。

川本課長：ということは長く張り出してるとそれだけ先端が垂れてて入れにくくなるから、そうならないように鉛直に造るときよりも短いH鋼を少しずつ継ぎ足してかないといけないんじゃないか、とかね。それって意外に手間がかかるぜ。

B主任：確かに、普通の鉛直な橋脚やったらそんなん関係なかったですわな。

川本課長：うん、REED工法は真上に造ることで利点がいろいろあったからな。もう一つ例を挙げればSEEDフォームの筒を通したあとの位置決めは、H鋼からの離れで決めてたんだよ。ところが今このH鋼がたわんで真っ直ぐじゃないって言ったよな、そしたらその方法は使えなくなる。

B主任：まあ方法はいろいろあって、レーザー光飛ばしてそこからの離れを見るとかな。でもまあ、実績があるからって安心してると、ちょっと変わったことをやろうとしたときに現場でいろんな問題が出てきてしまう。そうならないように、本

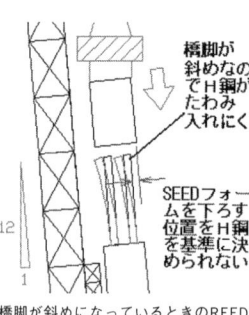

橋脚が斜めになっているときのREED工法はまだ実績がないため不測の事態が隠れている可能性があります

川本課長 支店の我々が細かい点に注意して技術的支援をしていかなくてはと思ってる。
B主任 全く使えんくなるっちゅうこともあるわけですな。
川本課長 意外とそういうところに落とし穴があったりするんだよ。
B主任 はい、気を付けます。
川本課長 で、実はこのとき使う吊り荷の姿勢制御をする治具、丁度、今使おうとしている現場が都内にあるんだよ。時間があればどんなもんだか一度見てきたらいいんじゃないか。
C主任 それは願ってもないです。建築の現場ですか？
川本課長 いや、土木のシールドトンネルの現場なんだけど、何で使っているのか詳しい事情は現地で聞いてくれた方が早いな。
B主任 どうもありがとうございます。ほなCくん、早速その現場へ回ってみよか。
C主任 わかりました。どうもありがとうございました。また積算のときに聞きにきます。
川本課長 あ、それ俺がやるのか。

日比谷共同溝作業所でお世話になった方々
(左) 高橋課長、(中央) 亀田職員、(右) 前田所長

[番外編]

この人に聞く①

前田 真

関東支店　日比谷共同溝作業所　統括所長

(まえだ　まこと)
●前田建設工業株式会社　関東支店
　日比谷共同溝作業所（※1）統括所長（H16.6月現在）

入社から十数年は中国地方の山の中で高速道路の現場を数カ所。その後、社会主義の国で仕事が受注できたので、行きたくて何度もお願いして中華人民共和国の水口ダム。帰国後は東京の都心の、白山、新宿、芝、虎ノ門でシールド、地下歩道、給水所の現場。現在、山猿が東京でメトロポリタンボーイに進化中。
モットー：「明日のスーパーニッカより今日のブラックニッカ」毎日お酒が飲めればいいのです。
休日：1週間の反省と翌週のあり方をお酒と共に考えること。
以上有意義な日々の紹介でした。

番外編　この人に聞く①

1 吊り荷の姿勢制御を実際に行っている現場へ

ということで現場へ向かったB主任、C主任。まずは施工現場の近所の雑居ビルにある工事事務所へ。所長室にて前田所長に面会。

C主任
B主任
お疲れさまです。いきなりお邪魔して申し訳ございません。この現場で姿勢制御できる治具をお使いだそうで、今考えている物件で使いたいと考えてまして、取り物もとりあえず見せていただきにやってきました。

前田所長
いやなに、今日から使おうってところだったから丁度良かったよ。実際にうちでこないな珍しい装置使とるたとは知りませんでしたわ。

B主任
（※1）日比谷共同溝作業所……虎ノ門から日比谷まで全長1.4kmの距離を地下およそ40mの深さで共同溝を構築する国土交通省の発注による工事現場。地下の工事現場にしてはめずらしく一般の見学者やマスコミ等の取材が頻繁に行われており、狂言やドラマのロケ、歌手のプロモーションビデオの撮影等にも開放することがある、知る人ぞ知る工事現場でした。平成17年竣工。

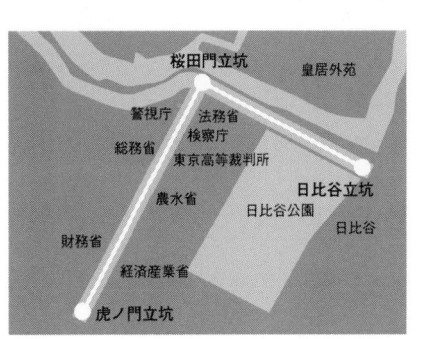

前田所長: うん、土木の現場では初めて。

C主任: 特殊な物だと思うんですが、そもそも何故ここではそれが必要になったんですか。

前田所長: うちは東京の地下40mに直径7.3m、延長1.4kmのシールドトンネルを掘っている現場なんだけど、簡単に言うと、地上の用地が少ないんだな。こういう都心の現場だと地上のスペースってのは十分にとれないことが多いんだけど、ここはことさらに狭い。なんせ官庁がひしめく虎ノ門のど真ん中だからね。お陰で地下へ資材を下ろすための開口部も十分な大きさが開けられなかったんだ。

B主任: はあ。

前田所長: 掘りながらシールドトンネルの坑壁になるセグメント(※2)を随時下ろしてゆかないといけないんだけど、普通は寝かせた形で下ろすところが、ここはそれだと開口を通らないんだ。

C主任: そんなに小さいんですか。

前田所長: そう。そこで斜めに吊ってやれば、ほら通るようになるだろう。だから吊り荷の姿勢制御が必要なんだよ。

B主任: なるほど、こんなきつい現場はそうそうないですな。

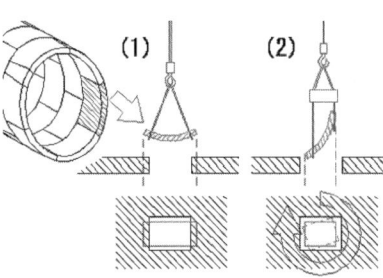

シールドトンネルの坑壁になるセグメントを、(1)そのまま下ろそうとすると開口が小さくて通りません。(2)吊り荷の傾斜と回転を姿勢制御することで通すことができます

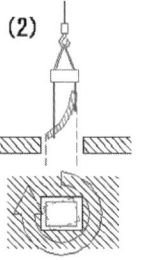

番外編　この人に聞く①

C主任　機械グループでも、この装置は普通は高層ビルなんかの建築現場じゃないと使わないって言ってましたね。うちの会社では使う頻度は少ないと思うんですが、レンタル品ですか。

前田所長　そう、特に回転を制御する装置の方は数がないから、借りるの大変だったよ。日本に数台とは言わないけど、10台とか20台とかいった希少品だからね。うちは半年以上前からずうっと使わせてくれって言って、やっと借りられたんだ。おっと、そうこうしている内にこんな時間か。そろそろ現場で吊り始めるはずだから、行ってみようか。

2 現場で実際に吊っているところを見学

B主任とC主任、前田所長に連れられて事務所から現場へ移動。先に現場へ来ていた高橋課長と合流。

（※2）セグメント……シールドトンネル工法では、軟弱な地盤、出水のある地盤を掘るため、掘った後にコンクリートの筒を構築して安全なトンネルにします。このコンクリートの筒はあらかじめ細かいピースに分割しておき、トンネル内を運んで掘っている先端で掘れた分だけ順次組み立ててゆきます。このピースのことをセグメントといいます。

B主任 お疲れさまです。

高橋課長 お疲れさまです。もう少ししたら吊り始めるんで、ちょっと待ってて。

C主任 あれが例の物ですか。

高橋課長 そう、この2つだよ、こっちが回転制御でこっちが傾斜制御の装置。

C主任 あ、別々になってるんですか。

高橋課長 うん、一体物ではない。違うメーカーから借りててカラーリングが違うから、ちょっと寄せ集めっぽくなってるけどね。

C主任 傾斜の方はフックが2個付いてて大体イメージ通りなんですが、回転制御の方は一見ただの四角い箱で、何をする機械なのか外見からはわかりづらいですね。

高橋課長 うん、スイッチ入れると中でブーンってはずみ車が回ってるのが振動でわかるよ。

B主任 しかしこの2個、えらい重そうですが。

高橋課長 回転制御が1・7tに、傾斜制御が0・5tだろ。あとセグメントを斜めに把持する鋼製の治具があるから、全部合わせるとなんだかんだで3tちょっとあるね。セグメントが3・2tだから、吊る道具が同じくらいの重さがあるっていうことになるね。

これが吊り荷を姿勢制御するための装置。
（上）回転制御装置、（下）傾斜制御装置

番外編　この人に聞く①

B主任
　回転制御のこの箱が1.7tもあるんですか。これは吊るもんが重いんで回転を抑えるためにそれだけの大きさのもんが要るっちゅうことですかいな。

高橋課長
　正確に言うと重さ×長さだね、テコの原理で。セグメントの重さと大きさでこの規格を選定したんだよ。多分この中で回っているはずみ車だけで0.5tくらいの重さはあるんじゃないのかな。

亀田職員
　準備できました。これからセグメント吊ります。

B・C
　はい、お願いします。

B主任
　わぁあっ、ごっつつ斜めになってますやん。

C主任
　銀河鉄道999の橋脚は1/12勾配だからここまで傾けなくても大丈夫ですね。このスペックなら楽にいけます。

B主任
　いやいや驚きですわ。

前田所長
　これを今から地下40mに下ろすよ。開口を上手くかわせるか、よく見てよ。

（狭い開口をすり抜けてセグメントが地下へ降下。地上から見下ろすB主任、C主任）

B主任
　この狭いのんを上手いことかわして

姿勢制御しながらセグメントを斜めに吊り上げたところ

C主任　下りよったな。すれすれでクリアランスがほとんど無かったですよ。

B主任　ごっつ安定しとったしな。Cくん、こらもう介錯ロープ（※3）の時代ちゃうで。

C主任　本当ですね。

前田所長　ということでした。どう、今度の物件で使えそう？

C主任　はい、これならばっちりです。これって、何か特別な資格は要るんですか？

前田所長　吊り荷だから玉掛け（※4）はいるけど。高橋課長、ちょっとリモコン見せてあげて。操作ったってこんな簡単なものなんだよ。姿勢制御に関しては要らないよ。

高橋課長　はい、こんな風になってます。回転制御は右に回れ、左に回れ、「入」は静止状態で回転が固定されて、「切」にすると自由に回るようになります。傾斜制御は上げ下げと「入」「切」。

C主任　地下へ降りてしまうと地上から見づらくなるんですが、それはどうされているんですか。

前田所長　リモコンは各2台あるから、1つは下にいる人に持ってってもらってそれで操作してるね。

B主任　クレーンのオペさんへの合図はどな

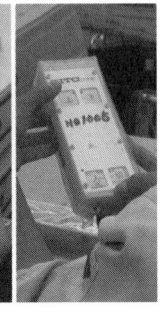

姿勢制御用のリモコン。（左）回転制御、（右）傾斜制御。このようなリモコンは安全・確実に作業を行うために、（1）軍手をはめていても操作しやすいようにボタンが大きく作られている（2）操作を間違えないように大きい字で動く方向が表示されている、などの工夫がされています

番外編　この人に聞く①

前田所長　いしとるんですか。

前田所長　うちの現場では全員PHS（※5）を持っていてね、これをトランシーバーモードに切り替えると最大6人まで同時通話が可能になるから、それを使って合図担当の作業員さん（※6）が状況を把握してクレーンのオペさんへ合図を送ってるんだ。

C主任　PHSを使ってるんですか。

前田所長　うん、何年か前から割とよく使ってる。特にシールドトンネルの現場だと坑内は普通の携帯じゃ電波が飛ばなくて全く使えないけど、PHSなら小型の中継基地入れてやれば半径数百mはカバーするからね。まあ短期で来るオペさんだと普通の無線の方が慣れてるからそっちが使い勝手がいいっていう場合もあるけど。

（※3）介錯ロープ……通常は回転を制御したいときには、吊り荷にロープを取り付け引っ張ることで向きを調整します。このときに付けるロープのことを介錯ロープといいます。ただし、強く引っ張ると回りすぎて逆に反対方向へ引っ張って直さないといけなくなったりするので、今回のように本当にギリギリの隙間を通すのは困難です。

（※4）玉掛け……クレーンで物を吊り上げるときに、ワイヤーや布製の帯を重量物に掛けること。バランス良く吊らないと危険なため、有資格作業となっています。特に複雑な形の物を吊るときには重心を把握してワイヤーを掛ける位置を決めないと、吊った瞬間に荷が大きく振れることがあり危険です。新入社員の亀田職員は入社前にこの資格を取っていたけど、現場では専任の作業員さんが就いててやらせてもらえず虎視眈々とチャンスをうかがう日々らしいです。

（※5）PHS……子機が発している電波を受信している中継基地を検知し、坑内のどのエリアに誰がいるかを把握する入坑管理システムなどにも利用することができます。

（※6）合図担当の作業員さん……複数の人が合図を出すと指示が混乱してしまうため、担当を一人決め、その人だけが合図を送るようにします。

B主任 なるほど、よくわかりました。今日はええもん見せてもらいました。どうもありがとうございました。

C主任 どうもありがとうございました。

社内の助けをいろいろ借りつつ、ファンタジー営業部、積算を前に最後の確認作業に入ります。
次章PART.9「重要機構は造れるか」に停まります。

番外編 この人に聞く①

COLUMN.3
日比谷共同溝工事

東京都港区虎ノ門から千代田区日比谷公園に至る、国道1号線下に日比谷共同溝を築造するもの。全長1,424mのトンネルを泥水式シールド工法で施工している。

共同溝とは、電話・電気・ガス・上下水道などが収容される、道路地下の収容スペースのこと。近年、都市の発展にともない、ライフラインの需要が増大している。そのため、路上工事が個別に行われており、慢性的な交通渋滞を引き起こす主な要因となっている。共同溝の設置により、ライフラインがまとめて収容されるため、路上工事が減り、交通渋滞が軽減する。また、地下のため、地震時でも共同溝内の施設は影響を受けにくい。大都市のライフラインを守る機能として、その活躍が期待されている（完成は平成21年度予定）。

日比谷共同溝作業所は、「東京ジ

共同溝整備前（イメージ図）

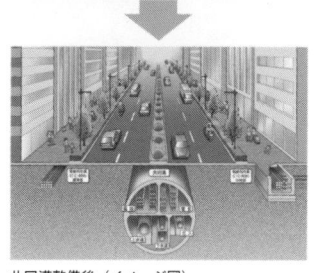

共同溝整備後（イメージ図）

オサイトプロジェクト」(全4回)の会場となり、地底能楽堂（野村萬斎氏による狂言）、沈黙のシールドマシン展、トンネルウォーク、地底音楽堂などというさまざまなイベントが催された。「最大3時間待ち」という、人気アトラクション顔負けの事態を招いたときもあり、大成功を収めた。

このイベントを含め、これまで受け入れた見学者は約1万人（平成18年2月末現在）。小泉首相、北側国土交通大臣、竹中内閣府特命担当大臣（当時）も来訪した。また、テレビ番組や映像等のロケにもしばしば使用され、人気シンガー・倖田來未のプロモーションビデオ（曲名「No regret」）にも登場するなど、密かな地底ブームを巻き起こした。

PART.9
重要機構は造れるか

マイタ゛ケンセツファンタシ゛ーエイキョウフ゛

1 これまでのことを補足・整理してみよう

見積もりを前に、全体の整合を最終的に確認するため部内会議を開くファンタジー営業部の面々。

A部長 😊
いよいよ最終的に見積もりに入るわけだけど、これまでにいろいろな案が交錯したから一度全体をまとめて整合をとっておきたいと思う。今まで積み残してきたことで、改めてここで解決しておきたいこともあったし。そういえば以前、この発車台は着陸にも使うのかっていう話が出たけど。Bくん調べてくれたんだっけ。

B主任 😊
はい。映画版第1作の冒頭、999が地球に下りてくるシーンでちゃんと使とりました。最後、地球に帰ってくるところばっかり見とったら、実は一番最初にありました。これで裏は取れましたで、デカ長。

A部長 😊
デカ長って、刑事物じゃないんだから。Bくんが言っていたレール打ち上げ装置説は正しかったわけだ。なんとなく確信はしてたけど。

B主任 😊
この推理が違ごたら捜査は振り出しに戻るところでした。

A部長 😊
捜査？ まあいいや。あと、このレールは年に何回使うかって議論も完全には解決

PART.9 重要機構は造れるか

C主任 してなかったよね。Cくん、何かわかった?

C主任 その件に関してはその後の調べで、999は1月1日零時に発車して1年かけてアンドロメダへ到着するダイヤだということがわかりました、ボス。

A部長 いろいろ調べてくれたのはいいけど、報告は普通にな、アフロ、ウンチク。

アフロ はい、デカ長。

ウンチク 了解です、ボス。

D職員 ……もしも〜し。

B主任 なんや、プラモ。

D職員 あ、僕渾名プラモなんだ。って、確かにプラモは作りますけど、それがすべてじゃないつもりなんですけど。

A部長 ということは2年間放送してたけど、話の中での時間の流れは1年間だったんだな。ただ、帰りはどうしたのかというのはいまだに不明です。帰りにもまた1年かけたと考えるのが普通ですが、あの年頃の鉄郎が2年経っても外見的に成長がないというのは、かなりギリギリです（※1）。最短だとワープを使えばアッという間に地球へ帰ることができます。今ここで重要なのは、あの発車台を使う頻度がどれくらい

（※1）あの年頃の鉄郎が2年経っても外見的に成長がないというのは、かなりギリギリです。……TVシリーズに限定した議論。劇場版第2作では第1作の2年後という設定で、そのとき鉄郎の容姿は変わっていません。けれども、そもそも劇場版だとなぜかTVシリーズよりも大人っぽい顔立ちなので、2年経っても変わらなくて大丈夫だと解釈しています。

151

B主任　かということなので、最多の場合を想定して1年に1回あのレールを使っていると するのが安全サイドの考え方ではないでしょうか。

D職員　ワープの方がしっくりくるんやけどな。『西遊記』と一緒やで、苦労して行くこと に意味があるんちゃうん。

C主任　いいネジになるかどうか見極めるのが本当の目的だったわけですしね。

B主任　メーテルはんを悪く言うな。

C主任　では、999が使用する頻度は多めに見て年に1回ということで条件を設定します。

A部長　それと、やっぱり999専用発車台じゃなくて銀河鉄道で全線共用なのかな？

C主任　それも調べたところ、999以外で地球を通るのは111号、333号、444号、555号、777号の5本でした。いずれも同じく年に1回です。ということは合計6本の列車が到着と発進で通るので、年に12回このレールは使われる計算になります。しかし、言ってしまえば2回が12回になったところで1年間に走る本数としては通常の鉄道と比べると極端に少ないことには変わりありません。

D職員　それだけのためなら発車台はいくつも要らないですよね。

C主任　あと、映画版第1作の最後、鉄郎がメーテルの乗った999を見送るとき、思い切り引きになったシーンがあるんだけど、空へ突き出してるレールってそれ1本しか見あたらないんだよね。ちなみにTVシリーズの最終回、惑星こうもりでは2本レールが空へ向けて造られているのが見えてる。

PART.9 重要機構は造れるか

D職員 😀 惑星こうもりって確か、すごいのどかな田園の真ん中に駅舎があるやつですよね。なのにメガロポリスよりも発車台が充実してるんですか。

A部長 😀 しかも年に1回だけ同時に2台併走して発車なんだろ。何でホームに写真撮りにきてる鉄道ファンがいないのか不思議だよ。

B主任 🍄 部長が言うと妙に説得力がありますな。

A部長 😀 ええと、それとこれまでのまとめだけど、Dくんに一覧表にまとめてもらったのがこれだ。

B主任 🍄 マジンガーZ格納庫と違ごうて全貌が見えるもんやのに、なんやいろいろ難儀する羽目になっとりますな。

C主任 😀 こうやって見てみると、アクティブ・マス・ダンパーについては導入する方針は決まりましたが、他と比べて詳細については未定のままでしたね。

A部長 😀 重要な機構だからな。これへの電源供給が絶たれたことで劇場版第2作では損傷が進んでいて、999が乗った途端バリバリ崩壊したっていうことになってるしね。

D職員 😀 具体的にはどんなことを決めないといけないんですか？

C主任 😀 僕も建築出身だけど、さすがに詳しいことは専門的すぎてわからないなあ。やっぱ

TVシリーズ第113話「青春の幻影さらば999（後編）」より。惑星こうもり999と777の二連発車台。999には鉄郎、777にはメーテルが乗っていて別れ別れになるラストシーン

153

今まで検討した内容一覧

分類		決定事項	根拠	該当箇所
下部工	条件	鉄筋コンクリート製	崩壊のシーンで鉄筋が見える	Part2-2
		最高で99.9m	決め手が全くないため	Part2-3
		飾り部、耳の形は鉄郎型	TVシリーズを優先して鉄郎型を採用	Part3-1
	設計	強風時は、風荷重＋活荷重で設計	強風時でもダイヤを厳守する銀河鉄道の規則	Part4-1
		地震時は、地震荷重のみで設計	列車が通る頻度が少ないため	Part4-1
		人工地盤上に立脚	実際の地表面は光が届かない深さにあるが、その距離を推定する根拠がないため	Part2-3
		アクティブ・マス・ダンパーで制振	【当社オリジナルアイデア】	Part5-2
		座屈防止が必要	【当社オリジナルアイデア】	Part5-3
	施工	REED工法	【当社保有技術を使用】	Part3-1
		SQC（スーパー・クオリティ・コンクリート）を材料に使用	【当社保有技術を使用】	Part3-3
		吊り荷を斜めに姿勢制御	高所作業の省人化・機械化	Part8-4
		大型のクレーンを調達	実在のクレーンで施工が可能	Part8-2
		遠隔操作の監視システムを使用	【当社保有技術を使用】高所の風による吊り荷揺れ安全対策として無人化	Part8-4
	その他	崩壊は周辺の火災による損傷、および制振のアクティブ・マス・ダンパーの停止	戦時下のため補修が不可能なこと、ダンパーを動かす電源供給が停止したこと	
上部工	条件	レールは直線	数量、設計等に大きな変化がなく、見積もり段階のため、単純化して検討	Part2-2
		レールの傾きは20度	映像から読み取り	Part2-3
		加速器は不要	着陸にも使用しており、打ち上げ装置ではない	Part2-2
	設計	強度の高い鋼材を使用	【当社オリジナルアイデア】使用頻度が少なく繰り返しを考えなくてよい	Part7-3
		桁橋方式	細い材料をピンと張る綱渡り方式が棄却されたため。桁厚を薄くし、作品に近い形にできたから	Part7-1
		枕木は飾り 桁の厚さを隠すため	ラダーマクラギ方式の応用	Part7-3

PART.9 重要機構は造れるか

りそもそもこれを提案してくれた建築エンジニアリング部・設計のⅠ課長に聞いてみないと。

B主任　それよそれ、できるできないはできるでええんやけど、実際やるとなるともっと詰めなあかんわな。

A部長　うん。ということでもう一度そういう観点でⅠ課長やメーカーさんに聞いて調べてみてよ。

② アクティブ・マス・ダンパーの知恵袋

光が丘本社の20階、建築エンジニアリング・設計部・構造設計Grフロアにて。B主任、C主任、D職員がⅠ課長を訪問中。

Ⅰ課長　
B主任　あれからだいぶ進んだみたいだね。

　　　　ええ、そうなんですがアクティブ・マス・ダンパーに関しては我々素人なもんで、細かいことがわからんのですわ。できればメーカーさんを紹介していただいて聞きに行きたいんですが。

155

I課長 😀　紹介と言われても、大きいモーターを扱っているメーカーならどこでも造ってるし。

D職員 🙂　モーター？ アクティブ・マス・ダンパーじゃなくて？

I課長 😀　大型モーターの応用技術だからね。

B主任 😐　ほな、例えばうちの光が丘本社で使っているのんはIHIさんちゅう話でしたが。

I課長 😀　そうだよ。あと別件では三菱重工さんから入れたこともあるし、カヤバ工業さんもあるね。駆動方式に各社特色があるけど、基本的にはどんな周期でどのくらいのパワーを出せるものが欲しいっていうスペックはこっちで決めて、あとはそれに見合った物をメーカーへ発注するだけだから。

D職員 🙂　納品して終わりってことですか？

I課長 😀　うん。アクティブ・マス・ダンパーの場合は実際できた物に対して微調整が必要になるからスタッフさんが来るけど、パッシブ・マス・ダンパーだとそれこそ車上渡し（※2）で物が届いて終わりってこともあるね。

C主任 👷　ということは、こちらで今回のアクティブ・マス・ダンパーのスペックを決めてメーカーさんへお願いするという持ってゆき方をすれば良いんですね。

I課長 😀　そうだね。それじゃあ最近うちでダンパーというとお付き合いが多い、三菱重工株式会社さんへ行ってみよう。高い建造物でダンパーを導入した実績としては、横浜のランドマークタワー、大阪ワールドトレードセンタービル、明石海峡大橋の主塔などがあるよ。うちが参画した物件ばかりではないけれど。

PART.9 重要機構は造れるか

C主任 👷 どれも超高層ですね。明石海峡大橋の主塔は、うちは下部工で入ってましたっけ。

B主任 👩 奇遇やね、大阪ワールドトレードセンタービルならこの夏家族で実家へ戻ったとき、展望台上りに行きましたわ、松本零士先生のコスモワールド（※3）見に。「メーテル、マッテル」言われたら、行くわ！

D職員 👩 微妙なキャッチコピーですね。メーテルさん、待ってました？

B主任 👩 おった。ちっこかった。しかしあそこ、ごっつ高いな。西日本で一番っちゅうのは知っとったけど、もう空中にいるみたいよ。

I課長 🐵 東京タワーの特別展望台は約250mのところにあるから、高さ252mの大阪ワールドトレードセンタービルの最上階も同じくらいの高さで眺められることになるよ。

C主任 👷 僕は横浜のランドマークタワーの方へは上ったことがあります。あそこも最上階からの眺めは抜群でしたね。

D主任 👩 三菱重工さんに施工実績の資料もらってたな。ちょっと待っててね。（調べる）えーと、そっちは若干高くて、282mだね。ちなみに明石海峡大橋の主塔が297

（※2）車上渡し……現場へトラックで品物と納品書・受領書が届くこと。荷下ろしを含めて受け取る側の負担になります。受領書を運転手さんに持って帰ってもらって完了なので、基本的にメーカーの会社の方とは顔を合わせません。
（※3）松本零士先生のコスモワールド……大阪ワールドトレードセンタービルの展望台にて2003年から2005年まで開催していた企画。松本零士先生の作品に関する展示や、キャプテン・ハーロックのアルカディア号の艦橋、銀河鉄道999の車内を再現した実物大セットが組まれていました。そして、メーテルもいたのです。B主任が訪れたのは2003年の夏のこと。

D職員　今、超高層っていうとそのくらいなんですね。やっぱ９９９の発車台って３００ｍくらいあるんじゃないんですか。

B主任　大丈夫、あんなんが乱立するようなことには当分ならんから。

③ 三菱重工さんへ

ということでB主任、C主任、D職員がI課長に連れられて訪れたのは、品川駅のすぐ前にある三菱重工業株式会社さん。超高層ビルの鉄構建設事業本部のフロアにて、制振装置を担当されている伊谷さんと笹島さんに面会。

B主任　本日はお忙しいところ、どうもありがとうございます。

伊谷さん　いえいえ、『銀河鉄道９９９』は私たちも見ていた世代ですから、あれが造れると思うと感慨深いです。

笹島さん　笹島さんは広島の研究所からわざわざお越しいただいたのだから、君たち心してかかるように。

I課長

PART.9 重要機構は造れるか

C主任 ええっ、それはすみませんでした。

笹島さん いや、たまたま都合で本社に来ていたんで、お気になさらずに。

B主任 ―課長脅かさんといてください。ほならさっそくですが、三菱重工さんは制振装置ではどんな特色をお持ちですのん。

笹島さん そうですね、弊社ではダンパーを小型化する技術を進めております。横浜のランドマークタワーでは通常なら3〜4階分の大きさの物を入れないといけないところを、多段式という方法を使ってワンフロアに収めております。ただしこれはアクティブとパッシブのハイブリッド型でした。今回はアクティブでしたよね。

D職員

笹島さん 他にはリニアモーター駆動のダンパーを造っているというのも大きな特徴です。従来型はボールネジをモーターで回転させる方式ですが、リニアだと回転方向が一瞬で変えられるから反応が格段に良くなります。それに加えて低騒音であるというの

三菱重工業株式会社　鉄構建設事業本部・鉄構装置部・鉄構装置第二部グループの山口雅也様（当日ご欠席）、伊谷孝夫様（写真左）、技術本部・広島研究所　鉄構・土木研究室の笹島圭輔様（写真右）にご理解と多大なご協力をいただきました。どうもありがとうございました。ファンタジー営業部一同

159

B主任：も大きなメリットです。

C主任：なるほど、リニアモーター駆動っちゅうのんは今回ぜひ使いたいですな。

B主任：では改めて橋脚に制振装置を組み込むことについて、メーカーさんの専門的なご意見をお聞きしたいのですが。

伊谷さん：橋脚ということは、これは要するに地震のときに車両が安全に走ることが目的なんですか？

B主任：いや、車両が通る頻度はメガロポリスの場合、極端に少ないちゅうのがわかったもんで、地震が起こってるときとかぶることはないと考えてます。地震時は車両は通らんもんと思ってください。

伊谷さん：それは我々の感覚と違いますね。制振っていうのはそもそも、ビルが揺れたときに中にいる人間の生活に支障がないレベルまで揺れが増幅しないように抑えるための技術ですから、誰もいないときの構造物を制振しても意味がないんですよ。

B主任：さすが三菱重工さん、その通りですわ。ただ、列車走行時に強風が吹いている場合は想定しとります。実際そっちの方が荷重と

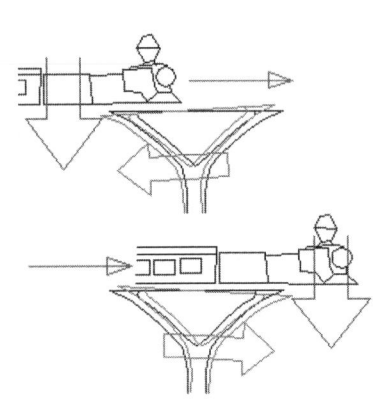

車両走行による揺れは線路方向が主になります

PART.9 重要機構は造れるか

I課長:
しては厳しいんで、設計はそっちで決まっとります。風で揺れてるときに車両が安全に走るっちゅうことでお願いします。

B主任:
列車走行時というと、揺れの方向は主に線路方向だよね。

I課長:
ああ、確かに。風はどっち方向からも吹きますが。

B主任:
以前僕が提案した耳をおもりにして揺らす方式は線路直角方向の制振方法だけだったから、線路方向についてもできるダンパーの線路方向の揺れについてはこの橋脚の耳みたいな飾りでは対応しづらいですね。

C課長:
いや、そんなことはないんだよ。そういうときは、こうやって回転で動かせばいいんじゃないかな。どうだい？

I課長:
ああ、なるほど、そうすれば線路方向の揺れを打ち消し合いますね。

D職員:
これはね、頭だけ重くするところがポイント。そうするとこの耳が振り子になるから。

B主任:
確かにおもりの中心に軸が付いとってもクルクル回るだけで振れる力にはなりませんな。

[線路直角方向]　[線路方向]

（正面）　（真横）

線路直角方向（左）と線路方向（右）の揺れの抑え方。二方向の動きができるようにします。線路方向はねじるように揺らします

C主任　ねじりの方向で使うとは思いませんでした。これは、具体的にはどのくらいの重さのおもりを使えばいいんですか？

I課長　横浜のランドマークタワーで全重量の0・3％だったかな、まあ重くても1％が目安だね。

B主任　Dくん、一番高い橋脚で概算できる？

D職員　えーと、ざっと1200tですね。1％で12t、耳の形の飾りは2つあるから片方6t。耳は全部コンクリートが詰まってるとすると30tくらいの体積がありますんで、大半は中空でいいことになります。

B主任　まあモーターが入る場所も中に必要やし、空き気味の方がええんちゃう。

笹島さん　お話の途中すみません、ちょっと確認させていただきますが、揺れが抑えられれば良いんですよね。

I課長　ええ、そうですが。

笹島さん　弊社ではいろいろな物件で実績を重ねておりまして、アクティブ・マス・ダンパーの規格製品化を進めているところなんです。スペックさえ満たせば規格品を使った方が調整や管理上のノウハウが断然活かしやすくなります。今のお話だと橋脚の耳の部分をおもりにしてそれを動かすことをお考えですが、そうじゃなくてもできるのであれば、そうした方が技術的に利点が多いんです。

B主任　特注にせんでええっちゅうことですか？

PART.9 重要機構は造れるか

笹島さん　そうです。特に今おっしゃってた回転による振り子にするとなると、全く新しいアイデアなものですから、ゼロから企画立案して造り始めないといけなくなります。おまけに普通ビル1個につき1個しか入れないような物を今回のプロジェクトでは一気に何十個も使うことになりますので、それだけの数だと製作が間に合わなくなるという可能性も出てきます。

B主任　ううん、ほんならむしろ規格品を使うに越したこっちゃないですわ。そういったらマジンガーZの格納庫のときも、10秒でマジンガーZを持ち上げる大型ジャッキがどうしても並みのスペックではいかんちゅうて特注したんですわ。メーカーさんに聞いたらそんなもんは地球上には存在せんちゅうて、結局は開発段階を見込んでザクッとした見積もりにしたわけですわ。特注品ちゅうのは、よっぽどそれしか無いときの最後の手段にしたいです。

D職員　マジンガーZ格納庫のジャッキは最後の手段を使わないとどうにもならない状況だったんですが、今回はそうじゃなくてもいけるんですね。

笹島さん　要求されるスペックによります。それに見合った規格品を選定するんですが、（1）規格化されてる程度の要求性能であること、（2）選定

規格品のダンパーを用いた場合の概略

163

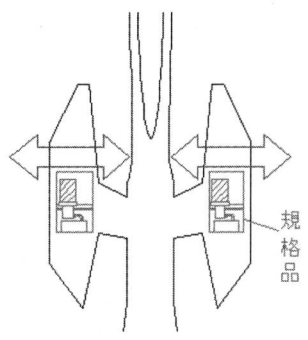

伊谷さん
　された規格品を納めるスペースが橋脚の耳の部分に取れること、の2つが条件になります。

B主任
　動きはそうすると耳自体が動くんじゃなくて耳の中にダンパーがあって、その力が橋脚全体へ伝わる、ということになります。

I課長
　うんうん、それは納得ゆく話だし。

4 全部の橋脚にアクティブ・マス・ダンパーは必要？

伊谷さん
　あと、これは全部の橋脚に入れるのでしょうか？

C主任
　13本ありますけど、一応全部に入れようかと考えてます。

伊谷さん
　それはちょっと勿体ないですね。要は、ヒョロッと長い形をしてるのは揺れやすいですけれど、短ければそもそもあんまり揺れにくい形なんです。一番長いのと同じレベルで全部に制振の装備を付けるのは非常に勿体ないと思います。

C主任
　確かに一番長いのは99・9mですが、一番短いのは12・5mしかありません。

伊谷さん
　普通はここで、揺れをどこまで抑えたいかというのとコストをどこまでかけられる

PART.9 重要機構は造れるか

B主任　かというのの兼ね合いになるんですけれど、それはどうなのでしょう。なんせ並の発注者さんとちゃいますんできつきつ堪忍なことは言われないですわ。こっちから提案する形にした方がええと思います。

伊谷さん　今、長さによって揺れ方が違うって話をしましたが、さらに実情を言ってしまうと1本1本で搭載するアクティブ・マス・ダンパーの仕様が違ってくるんですよ。そのスペック決定をしないといけない手間を考えると、なるべく導入する本数を減らしたいと思うんですが。

D職員　どういうことなんでしょうか。

C主任　そうか、橋脚の長さが違うということは揺れが増幅する固有周期（※4）がそれぞれ違うということですね。

B主任　なるほど。短いのんはユラユラ速く揺れるし、長いとユラ〜ンユラ〜んでゆっくり揺れるっちゅうことですな。

D職員　ああ、なるほど。それだと揺れを抑える制振装置のスペックも変わりますね。

伊谷さん　そうです。だから短い橋脚ほど速い周期で動かせるモーターを仕込まないといけないんです。でも逆に短いと揺れ自体が小さいから、あんまり重いおもりじゃなくて

（※4）固有周期……高い建物の中で地震が起こったときに感じる揺れは、地震による揺れそのもの＋建物で増幅した揺れ、になります。建物はそれぞれ揺れが増幅しやすい固有周期を持っており、その周期で揺らされるとどんどん揺れ方が大きくなり危険な状態になります。マス・ダンパーはこの増幅分を抑えるためのものです。

165

B主任　　　も十分相殺できるという面も出てきます。つまり、短い橋脚は速く動かせるモーターと軽いおもり、長い橋脚はゆっくり動かすモーターと重いおもりが必要っちゅうことですな。

I課長　　　長いのはとにかく必要だから入れるとして、長い順にどこまでダンパー入れるかなんだけど、こういうときコストで厳しいこと言わない発注者さんっていいなあ。いい人だなあ。

B主任　　　正確には人ちゃいますけどね。喋る人工知能ですけどね。

I課長　　　そうかい。それではここでは個人的な経験も含め、長い方から7本といったところで区切ってはどうだろうか。

B主任　　　ははあ、そんなすぐに決まりますか。

I課長　　　実はあらかじめC主任へダンパーに必要なスペックを出してもらってたんだよ。それを見せてもらってたからね。

B主任　　　あっ、なるほど。

C主任　　　スペックは本当は構造計算によるコンピューター・シミュレーションや風洞実験などで正確な値を出す必要がありましたが、今回は概算ということでザクッと、個人的仮説も含め求めてみ

アクティブ・マス・ダンパーを導入する橋脚（高い方から7本目まで）

I課長 🐵 ました。多少粗い数字でも、とんでもないスペックさえ言わなければ三菱重工さんもプロだし対応してくれるのではないかということで。

C主任 👮 概算なんですが、このようになりました。

アクティブ・マス・ダンパーの要求スペック
(高い方から7本目まで)

揺れ方向	橋脚No.	高さ[m]	重量[t]	固有周期[秒]	想定揺れ幅[cm]	揺れの抑制目標値[cm]※
線路方向	1	99.9	720	8	75	20
	2	92.6	670	6.5	55	15
	3	85.3	610	5.5	40	12
	4	78.1	550	5	30	10
	5	70.8	500	4	20	10
	6	63.5	440	3	15	5
	7	56.2	380	2.5	10	5
線路直角方向	1	99.9	720	1.5	3	1
	2	92.6	670	1.5	3	
	3	85.3	610	1	2.5	
	4	78.1	550	1	2	
	5	70.8	500	1	2	
	6	63.5	440	1	1.5	
	7	56.2	380	1	1.5	

※揺れの目標値は想定揺れ幅の約30%を目安としました

B主任 🍄　いかがですか、こないやったら通常の規格品に見合うスペックですか？

笹島さん 👷　はい、これなら十分にいけそうですね。線路方向の75cmはかなり大きいですから、アクティブ・マス・ダンパーが無かったら相当揺れることになるでしょうね。線路直角方向は、揺れ幅は小さいですけれども周期が短いから、走行の安定性のために抑えてゆく必要があると思います。

C主任 🧢　そうですか。ということは特注しなくていいんですね。

B主任 🍄　はい。これで検討して、見積もりを出してみましょう。

笹島さん 👷　お願いしますわ。耳がピクピク動かなくなってどっしりと鉄道構造物らしくなると、個人的にも嬉しいですわ。

5 アクティブ・マス・ダンパーの積算に補助電源設置の費用は必要？

D職員 👦　ええっと、アクティブ・マス・ダンパーの見積もりをお願いするときに、補助電源の話を含めてほしいと思ったんですが。

B主任 🍄　何それ？　何のための補助電源よ。

D職員 👦　アクティブだから電力を使って揺れと反対方向へおもりを振っているわけですけど、

B主任　ああ、それで自力で電力を供給しようっちゅうのね。

D職員　そのお金って結構高くつくんじゃないかと思ったんですが。

笹島さん　そのための安全装置です。

例えば大地震で電線が切れてしまった場合、急に揺れが増幅してしまうようなことにはならないか、と思ったんです。そのための安全装置です。

停電した瞬間、おもりが急停止したら衝撃力がかかるから10分程度は動ける電源を持ってる仕様にはなっています。

D職員　なんで10分なんですか？

笹島さん　その後も電気が来ないままになっているとおもりを制御できなくて、むしろ増幅する方へ勝手に揺れたりすることも考えられます。だったらいっそのこと動かなくした方が良いということで、地震で揺れている間は揺れを抑え、この10分の間に中心位置へゆっくり戻してそこで固定してしまうということをやっております。

D職員　その後はどうなるんですか？

笹島さん　固定された状態で電力の復旧を待ちます。

D職員　劇場版第2作のときみたいに機械人間 vs 人間の戦いが続いて電力の供給がずっと止まった場合はどうなりますか？

C主任　「あれから2年」という設定になってますから、最長で2年は電力が止まっていた可能性があるわけですが。

伊谷さん　電力が命綱みたいなこの未来都市で、電気が何ヶ月も何年も復旧しないままなんてことがそもそも想定外の荒廃ぶりを表しているのではないでしょうか。鉄道自体が機能しているかどうか。

D職員　え、でも劇場版第2作『さよなら銀河鉄道999』で鉄郎が999に乗るときには、本当にこんな状況で999が来ているんだろうか、と疑心暗鬼で駅の瓦礫を飛び越えていってましたが、999は地球へ下りてましたよ。

C主任　あのときは鉄郎を乗せるためにわざわざ強制着陸した感じだったけどね。

B主任　そりゃやっぱメーテルによる大いなる意志が、橋を支えていたんよ。だから飛び立ってくときには崩れてしもたんや。

D職員　技術者の発言とは思えませんよ。う〜ん、じゃあ補助電源っていうのは使わないんですか？

I課長　何年も持つ巨大な補助電源を持たせて橋を生き残らせたいっていうのは気持ちとしてあるけど、そんな大きい電源は造れるかどうかわからないし、街全体の電力供給と連動していれば十分だろうというのがこの場合のひとつの考え方、というか割り切りなんじゃないのかな。

B主任　聞きたいことは他にない？　ええのん？
伊谷さん　また何かあれば、いつでも連絡ください。
I課長　それではアクティブ・マス・ダンパーの見積もりの件、よろしくお願いいたします。

PART.9 重要機構は造れるか

笹島さん はい、承知いたしました。
D主任 どうもありがとうございます。
C主任 今日は長い時間ありがとうございました。
B主任 ありがとうございました。わからんことがあったら今度は皆で広島へ出張して聞きに行こな。
I課長 こらこら。

この後いよいよ最終章、見積もり作業に停まります。
この物件が終了するまでに果たしてB主任は空想世界対話装置でメーテルと話すことができるのか？

→三菱重工業（株）様のホームページはこちら
(http://www.mhi.co.jp/tekken/product/disaster/index_top.html)
(http://www.mhi.co.jp/hmw/stst/chimney/index.html)

東日本旅客鉄道株式会社さんの打ち合わせブースにて。
緊張気味のＤくんとツーショット

[番外編]
この人に聞く②

石橋忠良さん

**東日本旅客鉄道株式会社　建設工事部　部長
構造技術センター所長**

（いしばし　ただよし）さん

●東日本旅客鉄道株式会社　建設工事部　部長　構造技術センター所長（H16.7月現在）工学博士／特別上級技術者（鋼・コンクリート）／技術士（建設部門）
昭和45年に日本国有鉄道入社、主にコンクリート構造物の設計並びに設計基準の作成に従事。昭和58年の宮城県沖地震を現場で直接体験した経験を踏まえ、数々の耐震補強工法を開発。平成7年より現在の部署へ。
休日は地元の同世代の方々とテニスをするのが楽しみ。合宿や試合も活発に行っておられるとのこと。もう一つのご趣味の園芸は、年寄りめいて見えるからあまり人には言わないのだとか。栽培されているブドウのお話を伺うに、病気にかからせない工夫、剪定の方法など、何でもチャレンジする経験の広さと知識の深さはまさに玄人裸足。今それ以外にもいろいろな果樹が育っているのだそうです。

1 高強度鋼材を使うことについて

長きにわたった検討の結果、銀河鉄道999の発車台も大詰めになった。実際使われている土木技術が大半であるが、スリムな橋脚と上部工を実現するために本プロジェクトではいくつか新しいアイデアを取り入れた。そこで今回は、現実に鉄道を造ってこられている日本の鉄道技術のトップの方へ、ご意見を伺いに行った。空想世界ではなくリアル世界で実際に発注者さんであるので大変畏れ多いのだが、A部長の心配をよそにお邪魔することになったのは、C主任、D職員の若手コンビであった。

新宿南口にそびえる東日本旅客鉄道株式会社本社ビル18階の打ち合わせブースにて、石橋部長、ファンタジー営業部のC主任、D職員。

C主任
石橋部長😊

本日はお忙しいところお邪魔いたします。
何を造ろうとしているかはA部長から聞いているよ。で、今どういうことになってるんだろう？

（C主任、D職員ひと通り説明）

C主任 🪖　それで、特に気になっている点について、いくつかご意見伺いたいと思います。

石橋部長　どうぞ。

C主任 🪖　まずは上部工なんですが。映像で見える上部工はレールと枕木だけが宙に浮いている外見なので、これに近い形でなんとか造らないといけません。現実的な方法として、桁橋にしてその代わりに桁をできるだけ薄く設計し、枕木の中に仕込むことを考えました。

D職員 😀　桁高を低くするために780N/㎟という通常は使われないような高強度の鋼材を使用することにしました。その結果360㎜、これでかなり映像に近い物ができる手応えが得られることになったんですが。

石橋部長　画面に出てくるデザインの再現が重要なんだね。枕木ってレールのゲージを固定するのが役割の物だから、こんなにいっぱい入れなくても良いんだよ。それを敢えてこのピッチで入れているのは、元々のデザインがそうなんだろうけど、あと理由を挙げるとしたら保守点検のときに上を人が歩いて渡れるようにっていうことなんだろうね。

C主任 🪖　なるほど、確かにそういうことも必要ですね。

D職員 😀　この上を人が歩くのは、想像するとゾッとしますね。

C主任 🪖　Dくんはこの業界の人にしては高い場所苦手だよね。結果的には映像に合わせたピッチで枕木を入れたことでレールの下に桁があるのを隠す点でも有利に働きました。

番外編　この人に聞く②

D職員　本数が多いので、自重を増やさないためにもなるべく軽い材質の物を使いたいと考えています。

C主任　発泡ウレタンとか使えないですか？

D職員　それだと人が歩いて渡れないから、もうちょっと丈夫な物じゃないとね。上を歩くのが怖いとか言ってる割には危ないことを考えるね。

C主任　そっか。

D職員　それでこの780N/mm²っていう高強度鋼材なんですが、鉄道では新しい材料を使う際には、繰り返し荷重による耐久性を必ず確認しないといけないと聞いています。でも、今回は桁高を抑えるためにどうしてもこれを使わないといけません。そこで考えた理由なんですが、この列車というのは超豪華列車みたいなもので1年かけて宇宙を飛んでいまして発車台を使う頻度が年に何回かしかないので、通常の1日に200本とかいう鉄道構造物と同じレベルでは繰り返し荷重は考えなくて良いのではないか、ということにしています。

石橋部長　はははは。

D職員　（小声で）良かった、うけてますよ。

石橋部長　そうか、列車があまり通らないのか。それならば、レールと桁はいっそのこと一体で造ってしまうといいよ。そうすれば今よりも剛性が上がるからもうちょっと桁を薄くできるかもしれない。

D 職員　えっ、そんなことができるんですか。

C 主任　レールは既製品を後から桁の上に乗せようと思ってたんですが。元々一緒に造るとかなり変な形になるんですが、それは造れるんでしょうか。

石橋部長　うん、金型造ればどんな形でもできる。

C 主任　これって特注ですよね。

石橋部長　そうだね、値段はその分高くなって大体ｔ当たり30万円くらいかな。普通のレールでｔ当たり10万円程度だから3～4倍だ。金型は傷むのが速いからたくさん造るときには交換しないといけない。もう一つの方法としては圧延して造るのもあるけど、圧延用の型は傷みにくいけど単価が高いから、大量にレールを造る場合じゃないとメリットが出ないね。発車台の長さが約300ｍですから、2本でも600ｍしかありません。やるんだったら金型の方法です。

D 職員　高強度鋼材だとＨ鋼が規格品ではないので、どうせこれだけの長さしか使わないし、鉄板買ってきて溶接でＨの形に組み立てようかと思ってました。

石橋部長　うぅん、溶接はできるのかな。高強度にしたっていうのは成分調節したか火入れたかでしょう。成分調節だけだったら溶接はできるけど、もしも焼き入れ (※1) して

レールと桁を一体にした金型で製造する？

強くしているのなら熱を加えると元に戻って強度が落ちてしまうから、溶接はできないね。

D職員　ああそうか、C主任、この鋼材ってどっちでしょう。

C主任　それは後で調べてみないとわからないなあ（※2）。

石橋部長　成分調整だとしても溶接棒にもその成分がないといけないから、特殊な溶接にはなるよ。

2　長尺レールの実現性

石橋部長　あと、上部工の桁がたわむと走ってるとき乗り心地が悪くなるので、たわみを抑えるためになるべく長尺のものを使いたいと考えています。理想的には、発車台の上から下まで1本で。

C主任　うん、できるんじゃないの。

（※1）焼き入れ……鋼の成分は変えずに温度管理だけで硬さを増す方法。よく知られている例では、日本刀を作るときに熱い状態から水に入れて一気に急冷するやり方が、焼き入れ。
（※2）それは後で調べてみないとわからないなあ……後で調べたところ、溶接性が向上されたこともこの鋼材の大きな特長の一つであり、溶接できる材料であることがわかりました。

D職員 全部1本だとレールに継ぎ目が無くなりますよね。子供の頃に本で読んだ知識だと、夏にレールが熱で膨張して伸びるから、その分あらかじめ隙間を空けておかないとレールって曲がってしまうことになってるんですが。

石橋部長 今はロングレールも普通に使われてるから、そんなこともないよ。

C主任 うん、それは昔は枕木が文字通り木で軽かったから、レールが伸びると枕木ごと持ち上がってしまって軌道が波打ったんだよ。今ロングレールを使う場合には、コンクリート製の枕木を使って重さで動かないようにしている。これだと枕木に拘束されてレールが伸びないんだ。バラストの上じゃなくてコンクリートのスラブなら、床に枕木を固定してしまう（※3）こともできる。

D職員 どういうことですか？

C主任 熱で伸びようとするのに対して、レールに拘束力をかけて縮めるってことですよね。でも今回は枕木は空中だから、それは無理だし。あっそうか、先端が切れて終わってるから伸びても伸びっぱなしでいいのか。逆に途中で変に拘束しない方が歪まずに良いんだよ、きっと。

石橋部長 あと、新幹線だとレールに隙間があると騒音の原因になるから、特に意図して長尺を使ってい

レールが熱膨張しても、枕木が固定されている拘束力で
同じだけ圧縮されているので長さは変わりません

番外編　この人に聞く②

D職員　る。km単位の長さのものが通常使われているよ。

石橋部長　そうか、確かに隙間を通るときってカタンコトンいいますもんね。

D職員　あれはつまりレールの隙間に車輪が落ちた衝撃で起きた音だから、よく響くんだよ。

D職員　子供の頃に電車の音を口で真似するのが上手い鉄道マニアの友達がいて、ポイントはスピードが上がってくるとそのカタンコトンのピッチが上がってくることだって言ってました。

C主任　僕の友達は電車に乗ると、車掌さんが喋り出す前に「次は〜〜」って車内アナウンスを言ってた。乗る度に必ず、しかも全駅。なりきった口調で。

D職員　ああ、それもやってたかも。だからそいつと電車に乗るとうるさいんですよ。電車の音の他に隣で同じ口真似してるから。

C主任　サラウンド音声なんだ。

D職員　かなり立体的に聞こえてましたね。

C主任　（小声で）だいぶ脱線してるから、話を戻そう。

石橋部長　この列車は宇宙へ飛んでゆくなら、相当速いスピードで走るんだろうね。それなら新幹線と同じで、レールに隙間は無い方がいいよ。

（※3）バラストの上じゃなくてコンクリートのスラブなら、床に枕木を固定してしまう……通常地面の上にレールを敷く場合には、バラスト（砕石）を敷いた上に枕木を置いてレールを通します。枕木を動かないようにするには枕木自体を大きく重くしてバラストに埋め込む必要があります。地下鉄や高架橋などではスラブ（床）がコンクリートでできているため、直接床に固定することで簡便に枕木を動かなくすることができます。

C主任 う～ん、スピードに関していえば、飛ぶためにロケットみたいな加速というのはしていないんです。なんと言いますか、宇宙へ行って二度と戻らない人も多いわけで、夜汽車でゆったり出発する旅情の演出の方が重視されています。だから列車の形も旧式の蒸気機関車を模しているという説明がされてますし。なので、実際のC62機関車と同じくらいのスピードでトコトコ走っていると考えてください。

D職員 そういえば映像の中ではカタンコトンっていう音は入ってませんでしたね。機関車はガッシャガッシャいってましたが。

C主任 そうだっけ。発車のシーンってゴダイゴの歌が流れてたのしか覚えてないなあ。

D職員 それってB主任がいつもカラオケで歌う曲ですか?

C主任 あれは主題歌だから映画の最後にかかる曲。発車のときは挿入歌。

D職員 曲がかぶってたかもしれませんが、カタンコトンは確か入ってなかったと思いますよ。

C主任 それじゃあ継ぎ目の隙間は無いってことでいいのかな。高い場所だから騒音が響く配慮もそうだけど、そもそもスムーズに走ってってもらいたいしね。

D職員 ロングレールはどうやって工場から現場まで運んできているんですか?

石橋部長 貨車で50mで持ってきて、現場で溶接。レールって結構柔らかいから50mでも鉄道のカーブ曲がれるんだよね。

D職員 数kmのものでも持ってくるときは50mなんですね。発車台は300mですから、50

D職員　はい。

C主任　あっ、そうか。じゃあさっきの話に戻って高強度鋼材が溶接できる材質じゃないと、そもそもロングレールにはできないってことになるんだね。Dくん、それは帰ったら忘れずに調べておいて。

m で6本、5回繋げば足りますね。レールと桁が一体だと曲がりにくくなるからもっと短くしないといけないかもしれませんが。

3 橋脚にアクティブ・マス・ダンパーを使うアイデアについて

C主任　最後に下部工についてもお聞きしたいと思います。橋脚の制振にアクティブ・マス・ダンパーを入れるという発想はなかなか無いと思うのですが。

石橋部長　土木構造物では免振やパッシブ・マス・ダンパーで制振はあるけど、そういう積極的に制振するというのは無いね。

D職員　それは何故でしょう。

石橋部長　アクティブだとコンピューターを入れて常に揺れに備えていることになるから、これが止まったら意味が無くなってしまうわけだ。高層ビルなんかだと中に人が常駐

C主任 するから目が届くけど、土木構造物の場合には必ず誰かが近くにいて管理してくれてるという状況下には置かれづらい。デリケートな機構の物は管理がしにくいから、メンテナンス・フリーなものになるんじゃないかな。

石橋部長 オイル・ダンパー（※4）の制振装置なんかだとそれほどメンテナンスは要りませんからね。

C主任 斜張橋のワイヤーの根元や橋脚の天端（※5）にはそういう物が使われるね。

石橋部長 今回の物件はメガロポリスの駅のすぐ近くですから、駅舎の中に制御室を入れて常時監視することができます。

C主任 あと、地震が起こったときにライフラインが切断されたら電源供給が無くなってしまう。その後も揺れが続いたら、アクティブだともう揺れを止められなくなるよね。

石橋部長 ちなみに映画版第2作ではこの橋が壊れてしまうんですが、そのときには都市自体が既に廃墟になっていて電源供給が2年ほど無かったところで999が上を走ったので崩壊したという解釈をしています。

C主任 これって上の方では列車の重さが全部かかってるんじゃないんじゃないの？ レールが終わっているところで急に浮力を持って飛んでるわけじゃないだろうから、走

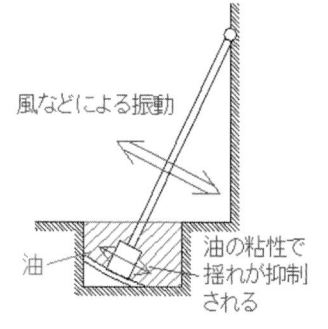

風などによる振動

油

油の粘性で揺れが抑制される

オイル・ダンパーによる免振の例

番外編　この人に聞く②

D職員 🧢　りながら段々浮いてるんだよね。
石橋部長 　飛行機でもあれって段々に浮いてるんですよね。
C主任 🧢　翼で揚力がついてるから、段々軽くなっている。
D職員 　降りるときはトンって一気に着地しますが。
C主任 🧢　なんで？　少しずつ重さをかけてゆけばいいじゃないですか。
石橋部長 　半分浮いてる状態だと不安定で横風とかに弱いから、地面に近づいたら早めに重さを地面に預けた方が安全なんだ。これは宇宙を飛ぶんだし、飛行機の飛び方とは違うだろうね。反重力装置で飛んでるんだろうから、段々に浮いたり着地したりしてるんだよ、きっと。
C・D 　へっ？
石橋部長 　ほら、マンガによく出てくるじゃない。

（※4）オイル・ダンパー……油で満たした水槽に構造物が浮いた状態になっていて、構造物が振動で急に動こうとすると油の粘性が抵抗してそのスピードを低減する方法。
（※5）天端……てんば。てっぺんのこと。橋に限らず、ダムでもトンネルでも最頂部は天端。

おそらく列車全体には反重力装置、車内には人工重力発生装置が搭載されているものと思われます。TVシリーズ第113話「青春の幻影 さらば999（後編）」より

C主任 🎓
地球の重力をカットして飛んでいるんだよ。

D職員 👲
いや、私たちの世代ならともかく、部長がそんなSFにお詳しいことをおっしゃるとは思いませんでした。

C主任 🎓
私もビックリです。

C主任 🎓
未来の銀河鉄道株式会社に一番近いところへぼくらは来てしまったのかもしれないね。

D職員 👲
そうだといいね。

C主任 🎓
ということで、本日はどうもありがとうございました。

D職員 👲
どうもありがとうございました。

石橋部長
日本の鉄道技術の最高峰の方のお墨付きをいただき、ファンタジー営業部、いよいよ大詰めの積算作業に入ります。
さらばメーテル、さらば銀河鉄道999、——さらば少年の日よ。

PART.10

追いつめられた
ファンタジー営業部

松本零士先生の優美なデザインの橋を造るためいろいろな案が出ては潰れてきた今回の案件、いよいよ積算へと突入。果たして銀河鉄道999を飛ばすことができるのか。

1 アクティブ・マス・ダンパーの見積もり

ファンタジー営業部、A部長、B主任、C主任、D職員が集合。

B主任
部長、時間ですがうちらだけで始めとってええですか。

A部長
ええっと、土木部のG課長は後から来る。あとI課長が三菱重工さんから届いた見積もり持ってきてくれるんだけど、ああ来た来た。

（建築エンジニアリング・設計部のI課長が登場）

I課長
皆さんお待たせしました。出がけに電話入ってちょっと遅れました。

B主任
いやこれから始めるところですわ。

A部長
それではI課長からお願いします。

I課長
まずはこちらの要求スペックに対して決定していただいたアクティブ・マス・ダン

PART.10 追いつめられたファンタジー営業部

D職員: パーのおもりの重量や全体寸法の諸元ですが、このようになりました。

I課長: この装置本体寸法の（線路方向×線路直角方向×高さ）が2タイプに整理されているのが、規格品ということですね。

ストロークっていうのはおもりが動く距離のことね。これで装置の大きさが決まるから、ここを規格化している。あと各々の細かい性能の違いはその中に搭載するおもりの重量を変えることで調整しているんだ。見た目が四角い箱だから「パック品」という言い方をするね。

C主任: うちの光が丘本社についてるダンパーみたいに剥き出しじゃないってことですね。

I課長: メーカーさんによってそういう違いがある。装置本体の他に動力盤、制御盤があるけど、そんなに大きくはないから空いてる場所を工面して入れられるだろう。

搭載アクティブ・マス・ダンパーの諸元

橋脚No.	1	2	3	4	5	6	7
橋脚高さ [m]	99.9	92.6	85.3	78.1	70.8	63.5	56.2
設置台数 [台]	2	2	2	2	2	2	2
線路方向重量 [t]	6	4	3	2	2	2	0.5
線路直角方向重量 [t]	3	2	2	1	1	0.5	0.4
線路方向ストローク [cm]	200	200	200	200	50	50	50
線路直角方向ストローク [cm]	30	30	30	30	15	15	15
装置本体寸法 [cm] （線路方向×線路直角方向×高さ）	約500×120×150				約200×120×150		

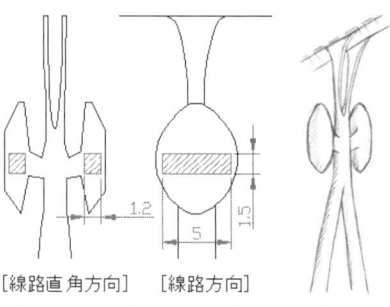

C主任: 線路方向と線路直角方向を比べると、線路方向の揺れがゆっくりだけど大きいからか、おもりを振るストロークもそっちだけガーンと長くなってますね。2方向タイプなのに1方向タイプみたいに見えるくらい扁平です。

D職員: 耳の中へ納まった状態を描いてみました。こんな感じです。線路方向に耳が長くなるようにちょっと形を修正しました。

B主任: ちょっと横から見た絵が、イメージ違うな。

C主任: もっとスリムな感じがするんやけど。

B主任: ほんとですね。装置の長さ(線路方向)が250cmのものはOKですが、500cmもあると、横に広がりすぎますね。何とかならないでしょうか?

C主任: ん〜、高うつくけどできるかもしれへんで。今、両側の耳にアクティブ・マス・ダンパーを1つずつ配置してるけど、これを2つずつ配置するんや。この図からすると、片方の耳に上下に2つ設置する余裕はあるやろ? その分、ストロークを短くできるん違う? この形やったらみんな満足するんちゃう?

[線路直角方向] [線路方向]

耳の中でのアクティブ・マス・ダンパーの納まりと、Dくんが描いた斜めから見たイメージスケッチ。こんな感じでうまく再現できているでしょうか?

PART.10 追いつめられたファンタジー営業部

D職員: そうですね。横方向もスリムになりましたね。ただこんなちょうどいい大きさの規格品が無ければ特注品になって、高くつくんじゃないですか？

A部長: 両方の値段を出してみよう。まずはすべてを規格品とした場合の橋脚7本分まとめたお値段はいくらでしたか？

I課長: しめて3億8500万円になります。

D職員: あ、本当に結構安いですね。7本分ということは14個も付いてそれなんですよね。

B主任: 乗せているおもりが違う分、全部同じ値段というわけではないけどね。マジンガーZ格納庫の頃と比べると、億単位の値段聞いても余裕があるわな。慣れって怖っ。

I課長: 次に、特注品を使った場合はいくらくらいになるでしょうか？

A部長: 私自身が特注品というのを扱ったことがないので、もしそうだったらどのくらいになったかというのはちょっとわかりませんけど、1個2億円くらいがいいとこ目安なのではないかと思います。

C主任: とすると、橋脚No.1〜4までが特注品を使用するとして、4本×4カ所×2億円＝32億円。

[線路直角方向] [線路方向]

B主任の案、耳の中のダンパーを2段にすると少しスリムになるのでは?

I課長 これにNo.5〜7の規格品の金額を合計すると、全部で33億7000万円です。

D職員 桁が違いますね？

A部長 これだけの金額の違いが出るんであれば、我々もコストダウンとして銀河鉄道株式会社に提案することにしよう。先方が意匠にどの程度こだわるのかによって、どちらの形を選択するかを決めてもらうんだ。

I課長 それが良いかもしれませんな。で、工期の方はいかがですか？

B主任 規格品のみの場合は、購入手配が約8ヶ月、本体製作が約8ヶ月、工場確認試験が約2ヶ月、現地納入までに計18ヶ月かかるそうだ。

B主任 制振装置はてっぺんに付けるから、橋脚が立たんことにはよう上がらんね。現地納入するまでの18ヶ月は現地で橋脚建てるのんとヨーイドンで始めてええ勝負になるんちゃうか。

D職員 アクティブ・マス・ダンパーが納入されるまでに待ちが出ないで済むということですね。

I課長 なお、設置後に現地での調整、電気工事を含んだ性能検証試験などを行うので、その工期が約3ヶ月必要だと考えてほしい。

D職員 工場の試験と現場の試験があるんですか？

I課長 設計値と実際にできたもののフィッティングだと考えてくれればいい。例えば今回橋脚の持つ一次減衰定数は2％と仮定してアクティブ・マス・ダンパーを設計しても

PART.10 追いつめられたファンタジー営業部

D職員
B主任

らったんだ。これっていうのは構造物の揺れが自然に小さくなる割合を示した値。構造物の内部で振動エネルギーが熱、音などになって消費されたり、地面の中へ逃げていったりして、揺れは小さくなってゆくんだ。振幅比 d と減衰定数 h との関係は $d = e^{2\pi h / \sqrt{1-h^2}}$ で表されるため、減衰定数2%だと1回目の揺れに対して2回目は約88%、3回目はさらにその約88%に減ってゆくということだね。ただしこれは実際の構造物や地盤条件などによって左右されるから細かい値を事前に推定するのは難しい。設計時には鉄骨の建物だったら1%といったようにザックリした決め方をしている。あとは現場ができてから実際の物に合わせて絞り込んだ調整をするんだよ。

んっ？ んっ？？
Dくん、難しい式が出てきて、すっかりオーバーヒート気味やね。

ヒートアップした999機関部のコンピューター。TVシリーズ第113話「青春の幻影 さらば999（後編）」より

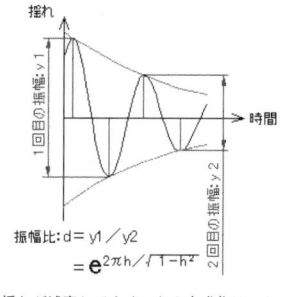

揺れ
1回目の振幅：y1
2回目の振幅：y2
時間

振幅比：$d = y1 / y2$
$= e^{2\pi h / \sqrt{1-h^2}}$

揺れが減衰してゆくことの定式化はこんな風になるんだそうです。この減衰定数hを今回は2%としたわけです

D職員　ええもう、999の機関部だったらショート寸前ですよ。
B主任　999の機関部は数式にそんな拒絶反応はせんと思うで。
A部長　つまりは現地に設置したものに対して、最終的に最大限の能力を引き出すような調整をしているということだね。
I課長　ええ、A部長のおっしゃる通りです。このときの設定値が後々のメンテナンスのときの重要なデータにもなりますし。
C主任　そうか、これって造った後もこまめにメンテナンスが必要なんですよね。
I課長　通常年に1回、あと台風とか大きい力を受けた後などはその都度ということになるだろうね。
D職員　それって積算に入るんですか？
A部長　初期建設費もメンテナンス費も結局お金を出すのは銀河鉄道株式会社さんなんだけど、今回うちの会社が見積もりで提示を求められているのは初期建設費だけなので、メンテナンス費は含まれていないよ。
C主任　この建造物は100年とかそういった長期で維持してゆかないといけませんから、維持管理はきっちりやらないとそれだけの年数持たない感じがしますね。
A部長　初期建設費は安いけどメンテナンスにお金をかけるとか、初期建設費は高いけれどもメンテナンスがあまり必要ではない物を造るとか。最近はそういった建造物の全寿命の間にかかるトータルコスト（※1）を考えて、費用を最小にする案を採用する

PART.10 追いつめられたファンタジー営業部

A部長: 建設の考え方もだいぶ出てきているね。

C主任: 今回はうちは物を納めるところまでで、メンテナンスは銀河鉄道株式会社さんが三菱重工さんと別途契約を結んで行っていくと考えていいんでしょうか。

A部長: そういうことになるね。

2 下部工の最終案

（G課長入ってくる）

G課長: 遅くなりました。もうだいぶ進みました？

B主任: いや、今ー課長にアクティブ・マス・ダンパーの見積もりを見せてもらってたとこですわ。

G課長: G課長には下部工と上部工と両方頼んだんだ。

A部長: ええ、先に下部工の話をさせていただきます。まずは簡単におさらいさせていただ

（※1）トータルコスト……建造物にその寿命全体でかかる費用の種類は、初期建設費、運用費、維持管理費、補修費、解体撤去費などがあります。一般には一個一個が最小になる方法を考えますが、初期建設費は高いけれども補修の回数が少ないなどお互いの関連性が見出されるようになったため、建造物の寿命全体でかかる費用が最小になるような計画を立てる方法が注目されています。

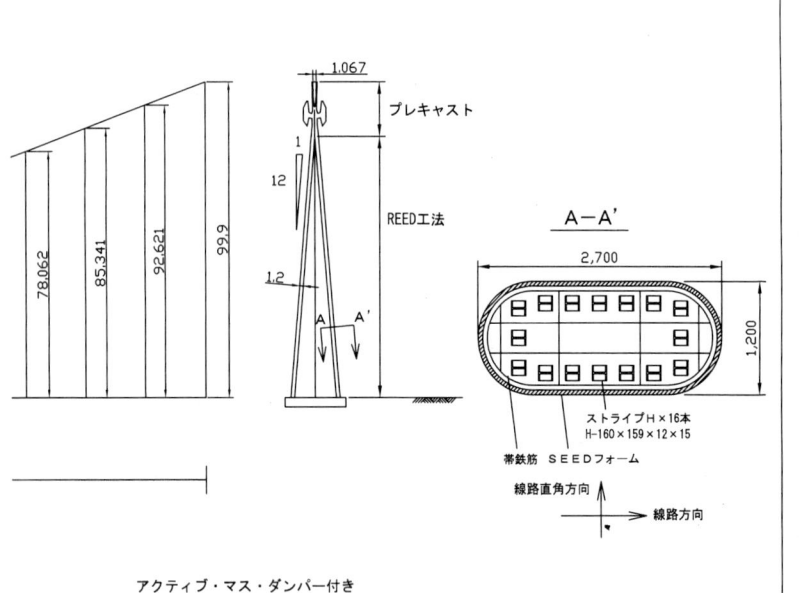

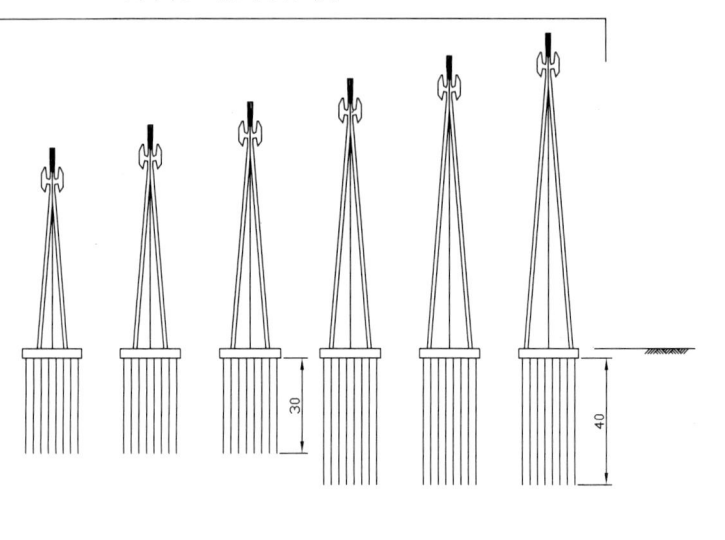

	1.067		プレキャスト

78.062　85.341　92.621　99.9

1:12

1:1.2

A — A'

2,700 × 1,200

ストライプH×16本
H-160×159×12×15

帯鉄筋　SEEDフォーム

線路直角方向 ↑
線路方向 →

アクティブ・マス・ダンパー付き

30

40

| 特急999 発着用高架橋 | 図面番号 | 999 | Rev. | A | 年月日 | 2004/09/17 | 尺度 | 1:1000 | 業務番号 | E-999 |

B-B'

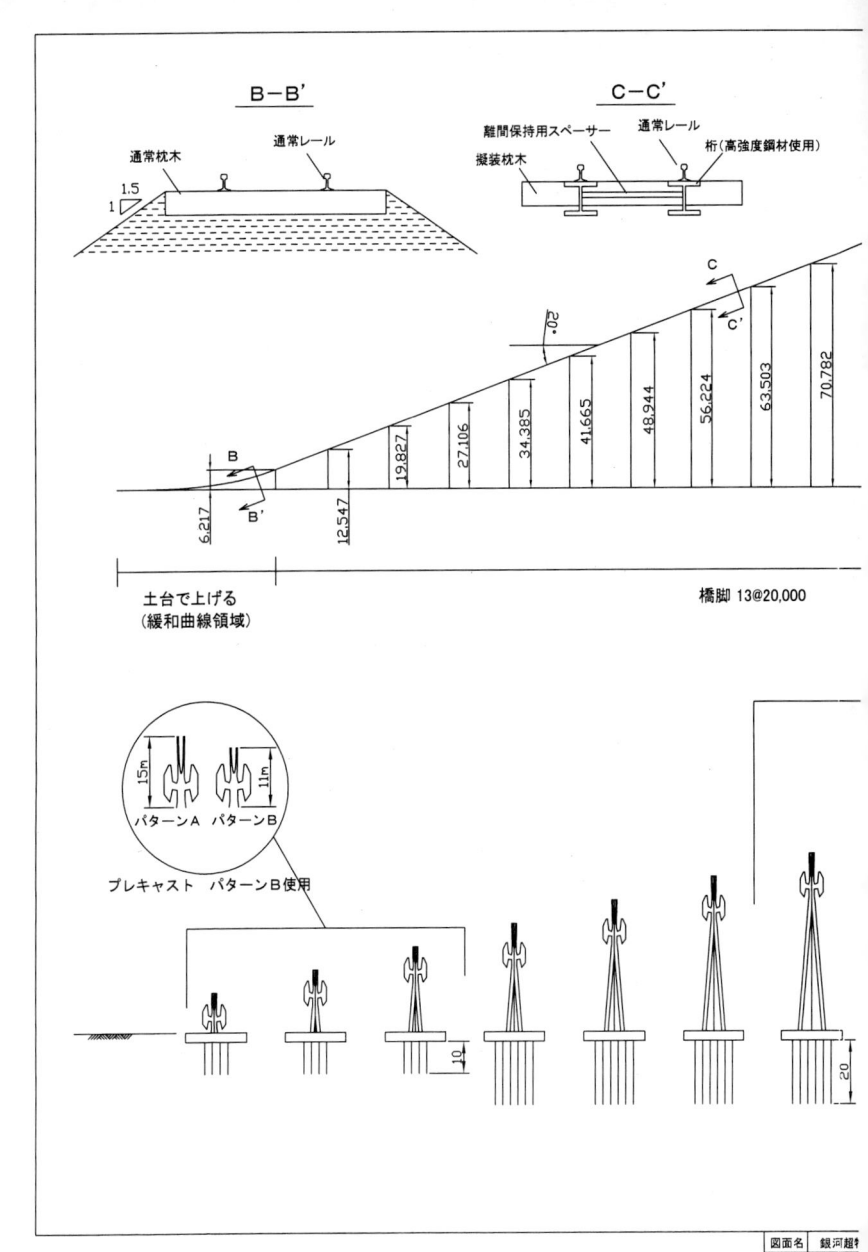

通常枕木　　通常レール

C-C'

離間保持用スペーサー　通常レール
擬装枕木　　　　　　　　　桁(高強度鋼材使用)

20°

6.217　12.547　19.827　27.106　34.385　41.665　48.944　56.224　63.503　70.782

土台で上げる
(緩和曲線領域)

橋脚 13@20,000

15m パターンA　11m パターンB

プレキャスト パターンB使用

10
20

図面名　銀河超特

全体設計図。これを見積もっていきたいと思います

きますが、積算というのは、

(1) 必要な材料の数量
(2) どうやって造るか

が決まっていないといけません。あと、

(3) いつまでに造らないといけないか

という工期の制約も現実にはありますが、ファンタジー営業部の物件ではこれはあまり無いようなので省略します。ということでまず必要な材料を把握するために、これまでの検討結果からDくんに図面を描いてもらいました。

G課長: はい、これが最終図面になります。

D職員: これを工程別に細分化してそれぞれに必要な材料の数量を拾い上げてゆくのですが、この場合はもう図面に描いてあるものを下から順に建ててゆくしかないので簡単です。Dくん、わかりますよね。

B主任: ええと、基礎杭（※2）、フーチング（※3）、REED工法の脚柱、上の飾り部。

D職員: おお！ようできた。と言いたいところやけど、あとここにちょこっと土台あんの忘れんといてや。

G課長: この各工程に必要な材料を出して単価をかけたものを足してゆけば積算できるんでしたよね。

D職員: そうですね。REED工法ならばSEEDフォーム、ストライプH、軽量S・Q・

PART.10 追いつめられたファンタジー営業部

A部長: C（スーパー・クオリティ・コンクリート）、仮設の足場、クレーンのレンタル代などが必要です。SEEDフォームやストライプHはREED工法ならではの特殊な材料ですが、REED工法は技術的な開発だけでなく積算基準も整備されているので、それを使って出すことができます。技術を開発するだけでなく、より広く使ってもらうために積算方法を明文化した積算基準の作成は重要なんです。

G課長: 営業的にもそれがあると便利だね。

A部長: ここでそれぞれの材料の数量を拾わないといけないのですが、13本ある橋脚が全部高さが違っているから、1本ずつ全部拾わないといけませんでした。1本分拾って×13本で出てくれば手間がかからなかったんですけどね。

G課長: お手数かけました。表計算ソフトを駆使しました。

（※2）基礎杭……地中に打ち込んだ杭で地上の構造物を安定させ支える工法。
（※3）フーチング……構造物の力を地盤へ伝えるため、幅の広い板状の物で一旦構造物の力を受けます。その板状の物のこと。

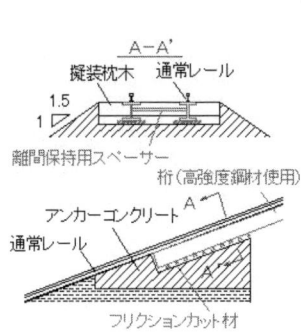

A-A'
擬装枕木 通常レール
1.5
1
離間保持用スペーサー
桁（高強度鋼材使用）
アンカーコンクリート A
通常レール
フリクションカット材

上りはじめの低い内は土台で上げます

C主任　あと、以前にF課長と話したときに出てきた件なんですが、大きさの違うクレーンを何種類か用意すると13本あるあっちとこっちで並行して作業できるので効率が良くなるということがあると思います。

G課長　ええ。それは、（1）材料を拾った次のステップの、（2）どうやって造るか、の部分ですね。一番高い99・9mの天端に物を上げるときに使うクレーンを、まだ造ってる途中で低いうちから使ってしまうのは勿体ないです。大小のクレーンの使い分けは施工のポイントになると思います。ただし、これを試行錯誤し始めるとあらゆる組み合わせが生じてしまって、いくら時間があっても答えが出ません。今回は銀河鉄道株式会社さんへプレゼンテーションするための概算を出すのが目的ですので、ここでは経験に基づいて高さが異なる4種類のものを使い分けることにしました。

C主任　3種類か4種類のどっちかになるだろうって、こちらでも考えてました。

B主任　それによって大型でレンタル料の高いクレーンを使う日数が減らせるっちゅうことですな。

G課長　4種類ということで、45mまでは50tクレーン、75mまでは120tクレーン、90mまでは160tクレーン、それ以上は360tクレーンを考えました。使用日数を概算すると、一番大きい360tクレーンが最短で45日。それに対して160tが111日、120tが329日、と小型で安いものほど使用日数が増えてゆくことが数字で明確に表されます。

3 下部工の見積もり

A部長 ということで、上部工のこともこの後に説明してもらいますが、とりあえず下部工だけの小計額を出してもらっていいですか。

G課長 はい。下部工の工費は、31億円になりました。

B主任 アクティブ・マス・ダンパーが約4億円で今のところの合計が35億、あと上部工ですな。

A部長 内訳を教えてもらっていいですか。

G課長 土台が210万円です。

D職員 いきなりそこからですか。というか小計が億の単位いってるから、210万って桁落ちして見えなくなってる数字なんですけど。

B主任 細かいもんでもそういうのんが積み上げられての総額やねんから、忘れたらあかんで。しかしこれは土盛っとるから安いわな。かといってコンクリートで造るほどガッチリせなあかんもんともちゃうしな。

マエダケンセツファンタジーエイキョウブ

C主任: 安くて文句言うこともないんですけどね。

G課長: 橋脚の内訳っていうと1本1本の内訳と、基礎とかREED工法とか工種別の内訳とあるので、一応こういった表を作ってきました。

D職員: なるほど。高さに比例して工費が増えるんじゃなくて、高くなると急に値段が上がるところがあるのがわかりますね。

C主任: あとですね、吊り荷の姿勢制御装置のレンタル料に関してはこれと別個に日比谷共同溝作業所の高橋課長へ問い合わせました。その値段を加算してください。

B主任: 回転制御と傾斜制御よね。いくらやて？

C主任: 2つ合わせて月額38万円だそうです。クレーン4種類を並行して使うとなると4セット必要なので月額152万円ですね。約2年使うとして、3650万円。でも値段よりも物があちこちから引っ張りだこで借りれないことが多いらしいので、そっちが心配です。

B主任: そしたらメーカーさんの玄関で土下座して頼もうや。

C主任: 三菱重工さんなんだそうです。

下部工工費の内訳（単位：億円）

橋脚No.	1	2	3	4	5	6	7	8	9	10	11	12	13	土台	合計
基礎杭	1.3	1.3	1.3	0.9	0.9	0.9	0.4	0.4	0.4	0.4	0.1	0.1	0.1	－	9
フーチング	0.6	0.6	0.6	0.6	0.6	0.6	0.3	0.3	0.3	0.3	0.2	0.2	0.2	－	5
REED工法躯体	2.5	2.1	1.8	1.5	1.3	1.1	0.9	0.7	0.5	0.3	0.3	0.1	0.0	－	13
飾り部	0.3	0.3	0.3	0.3	0.3	0.3	0.3	0.3	0.3	0.3	0.3	0.3	0.3	－	4
合計	4.7	4.3	4.0	3.4	3.1	2.9	1.9	1.7	1.5	1.3	0.7	0.6	0.5	0.0	31

※表中の「0.0」は桁落ちしているだけで数百万単位の数字が入っています。タダではありません

PART.10 追いつめられたファンタジー営業部

I課長　あらら。

4 下部工の工期

C主任　工費はわかりました。それでは、下部工の工期はどのくらいになりますか？

G課長　各工程にかかる工期は歩掛から出てくるんですが、問題はクレーンを何台も使うことによって、並行作業で進められるようになります。そのやり方次第で効率化が図れます。具体的には、作業員さんや機材に待ちが出ないように、次々仕事を回してゆく必要があります。

B主任　13本橋脚があるから、その場所に基礎杭を打つ作業員さんやらフーチングの作業員さん、クレーンなんかが順々に来て物を造ってくわけや。下から順番にしか造られへんから、1本目のフーチングが早く終わったからゆうて、2本目の基礎杭が終わっとらんかったらよう造られへんしな。

D職員　流れ作業なんですね。普通、人がいるところに物がベルトコンベアで流れてくるのが流れ作業ですけど、これは人や機械が流れてるんですね。

B主任　コペルニクス的転回やね。

各橋脚における制振装置諸元を下記に記載しております。今回の検討において、橋脚1台あたりに装置をそれぞれ2台ずつ設置しております。参考図を下記に添付致します。(但し、記載装置はサーボモータ＋ボールネジ駆動の装置を示しており、今回提案しているリニアモータタイプとは駆動部分が異なりますので、ご了解下さい。)本装置は2方向対応タイプで、1台で線路方向、線路直角方向に共に対応致します。

装置本体寸法（稼動分も含めた寸法）を記載しておりますが、線路方向の変位が大きく指定寸法に納まっておりません。装置寸法をご指示頂きましたϕ1.6m×4.8mに納めることは、クライテリアを大幅に緩和しても錘自体の寸法が1m×1m程度必要となるため、困難と考えますので、本寸法でご検討願います。また、アクティブ装置であるため、装置本体のほかに制御盤、動力盤が必要ですが、今回はその設置場所・寸法等の検討は省略しておりますのでご了解下さい。

製作工程につきましては、購入品手配 約8ヶ月、本体製作 約8ヶ月、工場確認試験 約2ヶ月程度 計18ヶ月程度で現地納入が可能と考えます。但し、制振装置設置後に現地における装置調整、性能検証試験（電気工事含む）を約3ヶ月必要と考えます。

アクティブ制振装置諸元（1台あたり）

橋脚 No	1	2	3	4	5	6	7
設置台数（台）	2	2	2	2	2	2	2
線路方向重量（ton）	6	4	3	2	2	2	0.5
線路直角方向重量（ton）	3	2	2	1	1	0.5	0.4
線路方向ストローク(cm)	200	200	200	200	50	50	50
線路直角方向ストローク(cm)	30	30	30	30	15	15	15
装置本体寸法(cm)（線路方向×線路直角方向×高さ）	約500×120×150				約200×120×150		
概算金額（千円）（2台分）	80,000	70,000	60,000	50,000	50,000	45,000	30,000

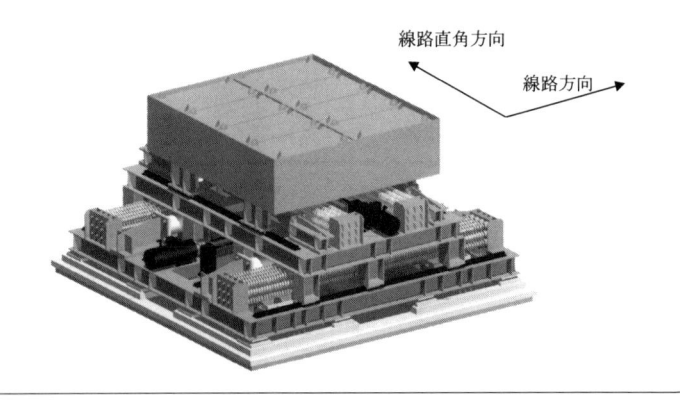

999 橋脚用アクティブ制振装置検討

三菱重工業㈱広島製作所

橋梁・鉄構部　鉄構装置技術課

平成 16 年 9 月 22 日作成

　今回の検討条件をもとに制振装置概略検討を実施しましたので、以下に示します。検討に際しまして、ご提示頂いた橋脚の 1 次減衰定数を 5%⇒2%に変更して検討しております。これは居住性に関する検討において（微小振幅域において）、実績的に鉄骨造では 1％程度で検討しており、今回の構造物についても 2％程度検討が妥当であると考えたためです。また、応答を 1/3 に低減すると仮定しても、減衰定数の設定値により制振装置の錘重量が大きく影響するため 2％で検討実施しておりますので、ご了解願います。例えば今回の橋脚 No.1 において減衰定数を 5％とし、同じ条件で検討すると錘重量 15ton 程度必要となり、約 2.5 倍となります。

橋脚検討条件（提示条件）

橋脚 No	1	2	3	4	5	6	7
橋脚重量（ton）	720	670	610	550	500	440	380
有効重量※（ton）	240	223	203	183	166	146	126
減衰率（％）	2	2	2	2	2	2	2
線路方向周期(sec)	7.8	6.7	5.7	4.8	3.9	3.2	2.5
線路直角方向周期(sec)	1.4	1.3	1.2	1.1	1.0	0.9	0.8
線路方向変位(cm)	74	55	40	28	19	13	8
線路直角方向変位(cm)	3.2	2.9	2.5	2.2	1.8	1.5	1.3

※有効重量は橋脚全体重量の 1／3 と仮定。

　クライテリアにつきまして、橋脚 No1～3 の線路方向の変位を 10cm とご指示頂いておりますが、装置設置しても応答（変位）を 30％程度に低減することが限界と考えるため、下記記載の通りクライテリアを緩和させて頂いております。

クライテリア（制振目標）

橋脚 No	1	2	3	4	5	6	7
変位線路方向(cm)	20(0.28)	15(0.27)	12(0.30)	10(0.36)	10(0.53)	5(0.38)	5(0.63)
変位線路直角方向(cm)	1(0.31)	1(0.34)	1(0.4)	1(0.45)	1(0.56)	1(0.67)	1(0.77)

（　）内は低減率

三菱重工業株式会社様からいただいたレポート。わかりやすくコメントが添えられており大変勉強になりました

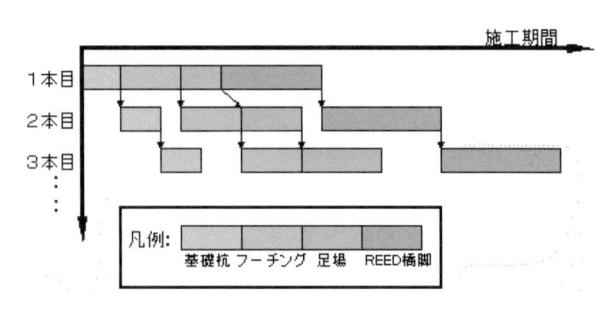

C主任: となると、工期の算定というのはかなり難しくなりますね。

G課長: これも本当なら工程をみっちり立てないと正確な日数は出てこないのですが、それをやり始めると膨大な試行錯誤になります。経験上このくらいなら短縮できるだろうという、月単位でのザクッとした値で出させていただきました。

C主任: なるほど。

G課長: 37ヶ月。年に直すと、3年と1ヶ月です。

5 上部工の最終案

A部長: 続きまして、上部工の積算もG課長からメーカーさんへお願いしてもらいましたが。

G課長: 下部工にREED工法を使っているということで、そのとき技術開発をご一緒させていただいたJFEグループさんにご協力いただきました。グループの中で建材の

工程はこのようなグラフを描いて、同じ期間に並行して進められる作業をチェックします

PART.10 追いつめられたファンタジー営業部

A部長　専門会社であるJFEスチール株式会社さんと、溶接の専門であるJFE工建株式会社　溶接工事部さんです。現在もうちの会社とは橋梁関係で共同で技術開発を進めているテーマがあり、大変お世話になっております。

なるほど。上部工については線路と枕木が浮いてるように見えるスリムなものを、ということでかなり厳しい条件を提示してしまったから、知り合いとはいえ頼みにくい話だったでしょう。

G課長　それはもう。

B主任　えらいすんまへん。

G課長　いや、実はこちらも謝ることがあるんです。

B主任　なんですのん。

G課長　条件として

（1）高強度鋼材（780N／mm^{2}クラス）使用
（2）桁とレール一体型を金型で押し出し成型
（3）桁は分割して製作、現場で溶接して300mまで繋ぐ

ということでしたが、これがいろいろとありました。
まず（2）なんですが、JFEスチールさんでは特殊な形状の鋼材を造る場合は圧延方式で行っていて、押し出し方式ではないそうです。圧延だと複雑な形が加工しにくいため、現状では技術的に不可能だろうとのことでした。

C主任　レールは通常の強度のものでいいので、桁だけでも圧延でできないでしょうか。

G課長　780N／mm²クラスの高強度鋼材では、まだH形鋼まで実用化が進んでないそうです。材料が発明されても、それを加工して大量生産できる態勢になるまでには実際いくつも技術的なハードルを超えないといけないんです。

A部長　産業革命みたいなものなので、むしろそういうことができるまでが大変と言っても良いのでしょう。

B主任　高強度鋼材はH形鋼にならんんですか。

G課長　形状を加工するのに適した成分設計などから行わないといけません。なので簡単には製造可能とはいい切れないようです。ただ、板状ならば現時点で造っていますので、それを溶接してH形に組み立てる方法はあります。JFEスチールさんから現実的なやり方としてそういうご提案をいただきました。そうやって造ったH形鋼を「ビルドH」といいます。

D職員　それは元々我々が考えていた方法ですね。押し出しで一体成型はJR東日本の石橋部長からご提案いただいて、そんなことができるんだって目から鱗が落ちてそっちに変

（1）鋼板から切りだし

（2）溶接

ビルドH：H形を板を溶接して組み立てて造る方法。
現実的な方法としてご提案いただきました

PART.10 追いつめられたファンタジー営業部

C主任: 更したんですが。

A部長: 部長は今の技術よりも少し先をいったアイデアを出してくださったんだろうね。ファンタジー営業部ならやれると思ってくれたのかもしれない。この場合、ビルドHという現実的な代替案があるのであれば、開発期間が見通せない技術に賭けるよりもそちらを選択するべきかもしれないな。

D職員: ちょっと残念ですね。

B主任: この場合しゃあないっちゅう話やな、Dくん。

G課長: ということで、その方法で製作コストと工期を弾いてもらいました。その結果をお伝えする前にもう一つ。ええと、（3）については、トラックで運搬できる最長の15mで製作します。

B主任: 15mで運んで20本現場で繋いで300mにするっちゅうこっちゃね？ 繋ぐ回数が多いと手間はかかるけど、運搬できひんのは致命傷やからね。

G課長: レールだけなら貨物列車による輸送で線路の新設現場まで最大50mで行けますが、桁だとそうはいきません。ちなみに船なら30m、トラックなら15mが上限の目安です。

B主任: レールだけなら50m、桁でもそれができれば楽やったのに。

G課長: いやいや、製造段階でも50m規模で加工できる工場なんてまずないので、もしやるんなら工場の建て増し・大規模機械の新設から始めないといけないよ。

B主任:それを先に言うてくれても良かったですわ。それだけ設備投資やって、造るのがたった50m物12本だけとは、うちらとてよう言わんですわ。

A部長/G課長:うん、それでいいんじゃないかな。

B主任:ということで、ちょっと工程をまとめてきました。こんな感じになります。
桁を架けるのは押し出し工法なんですか？この鋼材の重さならクレーンで桁を吊って架けられるんちゃいますか。下部工の上に乗せた状態で溶接して繋ぐ案もあるんやないですか。

C主任:今回は作業が高所になるので、下部工の上で繋ぐ作業にすると資機材の上げ下げとか火の粉が落ちてきたりとか、やりにくいことが多いんじゃないでしょうか。

B主任:そっか。押し出し工法は仮設が大きくなるのが面倒やと思うたけど、よう考えたら今回は桁がごっつ薄くなってて軽いし、そないに大きいことにはならんのんか。了解で

上部工の施工手順。（1）高強度H形鋼を工場溶接で製作、（2）15m物で現地へ運搬、（3）根元から押し出しながら現場溶接で延長、（4）2本の桁の間隔を保持するスペーサーを設置、（5）レールを固定、（6）枕木を擬装

すわ。

6 上部工の積算

A部長
G課長
B主任
G課長

それで、上部工のお値段はいくらくらいになったでしょうか。

当初の案からは少しずれてしまいましたが、現実的な製造方法に修正したことで工費と工期は不確定要素が少なくなったと思います。まず、材料費ですが、高強度鋼材が全部で約200t。高強度鋼材はt当たり約24万円とみてください。よって4800万円。通常の鋼材が7万円くらいといったところですから、材料費だけで3～4倍しています。

今回は短いからええけど、一度にあんまりたくさん使う工事やったらたまらんですな。

これにビルドHを造るための溶接費を含めると、約1億1000万円になります。

本当ならばここで（1）組み立ての精度はどのくらいまで要求されるか、（2）歪みを取る処理を後からするか、などが決まらないと正確な値段は出ないのですが、こういう用途ということをお話しして概算していただきました。あとは15m物で運搬して届いたものを現場で繋いで300mにするお値段なんですが、溶接工が4人

D職員: ついて1回当たり約50万円。19回繋ぐので、50×19＝950万円になります。

G課長: 合わせると桁だけの小計が1・2億円ですか。その他の材料は？

D職員: レールは普通の物を使うことになったので、約480万円です。他には、2本の桁の離間保持用のスペーサー、レール固定治具、フリクションカット材、擬装枕木などの付帯物が材工込みで約2000万円。

G課長: レールに比べるとビルドHは高くつきましたね。やっぱり特注品を使うとそういうことになるんでしょうね。以上は材料のお値段ですよね、あと施工にかかるお金があると思いますが。

C主任: 施工では、先ほどB主任が言ってくれたようにあまり重い物を押し出すわけではないので、同程度の工事と比べると必要な装置類は小さい物で済むことになるでしょう。そういった利便性を考慮に入れて今までのうちの実績を踏まえた概算をすると、仮設＋機械＋人件費＋重機の全部込み込みの工費で、約2900万円でできると考えます。

B主任: となると、上部工の小計がしめて1・7億円。総工費はさっき出した下部工、アクティブ・マス・ダンパーの小計35億円を含めて、合計37億円ですね。

G課長: おや？ ちょい待ちぃ。それって下部工に比べて上部工が随分安いんちゃいますか。普通、橋でそんな比率にはならんですわな。なぜかと言われれば、そちらから出してもらった上部工のスペックが特別に軽微な

PART.10 追いつめられたファンタジー営業部

C主任 👷

構造だったんです。普通の鉄道では桁の上にいきなりレール敷くなんて不安なことはしないですよね。レールにかかった力を一旦床版で受けて、それを橋脚が支える形ですから、もっと全体的にガッチリしていますし、その分お値段にも反映されます。今回はそういった物が省略されている分、安くなっているんですよ。究極としては桁もなくてレールと枕木だけが宙に浮いているものを目指しましたからね。ボツになってしまった案ですが、レールをピンと張って綱渡りにするのもありましたし。上部工を軽微にする方向性はこの橋脚のそもそもの目標であって、それが結果的に明らかに値段で示されたっていうことになるんじゃないでしょうか。

B主任 👨
なるほど。やったら納得。それでは、あとは工期ですな。

G課長 👨
上部工の工期は、こんな風に表にまとめてきました。

D職員 👦
71日。約4ヶ月ですね。（※4）

G課長 👨
でも、この中だけで並行作業にできる部分もあるし、下部工造っている間にラップして始めておける部分もあるので、押し出しそのものは2ヶ月ちょっと見ておけばいいと思います。

C主任 👷
え〜と、そうなると総工期は下部工、アクティブ・マス・ダンパーの分を含めて、しめて3年3ヶ月ですね。

（※4）71日。約4ヶ月ですね。……稼働日は土日祝日を考慮して月に20日で計算しています。

D職員: 今から造り始めれば、作品設定の2022年までには十分間に合いますね。

B主任: そんだけあったら逆に間に合わんか珍しいわ。あとはそれまでに、都知事に掛け合うて早うメガロポリスて改名してもらわなあかんな。

D職員: 映像の中では駅名やバスの文字が日本語で書いてあったから未来の日本だろうと自然に思ってましたが、やっぱ本当にそうなんですか？

B主任: 当たり前やん、「メガロポリスは日本晴れ！」(※5)やで。外国なのに日本晴れでどないすねん。

C主任: それは別の番組ですよ。

A部長: よし、それではこれで見積書を作ってもらおう。I課長、G課長、どうもありがとう。

B・C・D: どうもありがとうございました。

上部工施工の工期

No.	工　種	日　数
1	スパン1-2間（40m）に支保工を組み立て（仮設約2,000m³）	7
2	押し出し基地の設置（桁架台、送り出し装置）	7
3	橋脚頂部へのガイドおよび滑り面の設置	3
4	最初の15m桁×2組の組み立て	7
5	最初の押し出し	1
6	第2回目から第19回目の押し出し	(1日+1日)×18回＝36日
7	最終調整	3
8	押し出し装置その他の撤去	7
合計		71日

(※5)「メガロポリスは日本晴れ！」……『特捜戦隊デカレンジャー』(2004年)もメガロポリスが舞台。偶然の一致ですが。

PART.10 追いつめられたファンタジー営業部

G課長
I課長

いやもう無理難題にもだいぶ慣れてきましたから。
今度はぜひ建築の物件でご一緒したいですね。

本稿の作成に関しましては、JFEスチール株式会社・建材センター 建材技術部 土木技術室 西澤信二様、JFE工建株式会社・溶接工事部 工事室 岩淵義克様にご理解いただき、お知恵を拝借いたしました。どうもありがとうございました。

ファンタジー営業部一同

→JFEスチール（株）様のホームページはこちら（http://www.jfe-steel.co.jp/）
→JFE工建（株）様のホームページはこちら（http://www.nk3.co.jp/）

また社内では見積もり作業に関して以下の方々にご協力いただきました。感謝いたします。

香港支店　KCR作業所　山根薫課長
関東支店　日比谷共同溝作業所　高橋裕之課長
土木本部　土木技術部　一般構造グループ　内田治文課長

土木本部　土木技術部　一般構造グループ　田畑稔副部長
土木本部　土木技術部　プロジェクト設計グループ　今西秀公主任
(以上、所属・肩書きはすべて2004・10・15現在)

COLUMN.4
ストーンカッターズ橋、世界最大の斜張橋

このプロジェクトが進行中だった2004年5月、弊社に大きなニュースが飛び込んできました。それは香港におけるストーンカッターズ橋というビッグプロジェクトの受注でした。

ストーンカッターズ橋は、長さ約1600mの計画延長で、2008年6月に完成した暁には斜張橋という型式の橋では世界最長になります。香港の高速道路8号ルート、新界青衣島（チンイ島）〜九龍昂船洲（ストーンカッターズ島）に位置するランブラー海峡に架けられます。前田建設はHitz日立造船株式会社、株式会社横河ブリッジ、新昌営造廠有限公司（現地企業）の4社と組んだ国際入札を行い、青衣北大橋など香港における弊社の過去の実績とあわせてこの大工事に対する技術力を評価され、落札に至りました。

- ●
- ●
- ●

これが弊社にとってどれだけビッグプロジェクトかというと、999の発車台が大詰めになったPART.10の検討の頃、そろそろ上部工の積算をお願いしようと思って見回したら橋梁部門が総掛かりで現地へ乗り込んでいたため相談できる人がいつの間にか周りからいなくなっていた、ということがあったほどです。これにはさすがにびっくりしましたが、致し方ないので香港支店へメールを送って資料や施工条件をやりとりしながら上部工の見積もり金額を詰めた、という国際的な展開が裏では行

マエダケンセツファンタジーエイキョウフ

われておりました。

- ●
- ●
- ●

999の発車台は橋梁技術の粋を集めた応用編です。創業当初はダム建設の数々で会社の礎を築き「ダムの前田」といわれてきましたが、世界最長を冠する橋の実績を得たことは本プロジェクトにとっても大きな追い風になったはずです。ストーンカッターズ橋を造った会社が999の発車台の見積もりも出しているよとなれば、より現実との距離を近く感じてもらえるのではないでしょうか。

6月に香港映画界で『銀河鉄道999』を元にした実写映画が計画されているというニュースが流れてきました。これはもしかしてセットで本当に発車台を発注してもらえるかも!? 香港から電話がかかってくるかも!? と期待したのですが、そういうことにはとりあえずならなかった模様です。ちなみに香港の鉄道って広軌（1435㎜）だから、今回日本仕様の1067㎜で検討した狭軌の発車台だと使えなくなるんですよね。っていうかそもそもC62のSLが香港に無いし。ってA部長が言ってました。

と思っていたら、折しもこのプロジェクトを連載終了後、2005年

ストーンカッターズ橋、イメージ画
この本が出る頃にはまだ出来ていません。
2008年6月完成予定

216

エピローグ
EPILOGUE

御見積書

平成17年10月1日

前田建設
MAEDA
前田建設工業株式会社
ファンタジー営業部

銀河鉄道株式会社　殿

〈 メガロポリス中央ステーション 〉
〈 銀河超特急発着用高架橋一式 〉

37億円

土地代を除く

工期

3年3ヶ月

こうして後日、見積書がファンタジー営業部へ届けられました。

エピローグ

(1)本体土木工事

本体土木工事小計

	工費(百万¥)
1)下部工	3,162
2)上部工	169
3)土台	2
小計	3,333

1)下部工

	数量	単位	工費(百万¥)
1-1)基礎杭	1	式	866
1-2)フーチング	1	式	544
1-3)REED工法橋脚	1	式	1,314
1-4)飾り部プレキャスト	1	式	351
1-5)座屈防止用付帯設備	1	式	50
1-6)吊り荷姿勢制御装置借料	1	式	37
		小計	3,162

2)上部工

	数量	単位	工費(百万¥)
2-1)高強度鋼材	200	t	48
2-2)ビルドH加工(工場)	1	式	62
2-3)ビルドH加工(現場)	1	式	10
2-4)押し出し施工	1	式	29
2-5)レール	300	m	5
2-6)擬装枕木等付帯設備	1	式	15
		小計	169

3)土台

	数量	単位	工費(百万¥)
3-1)盛土	1	式	2
		小計	2

(2)機械設備

	数量	単位	工費(百万¥)
2-1)アクティブ・マス・ダンパー	1	式	385
		小計	385

工事費総計((1)+(2))= 3,718 (百万¥)

B主任 おおう、できよった！ しかし技術的には難しいのに値段にはそれほど反映されらんように見えるんは気のせいかいな。

A部長 実際の長大橋だと模型を使った実験を行ったりとか検討段階で相当お金がかかるからね。今回は純粋に建設費だけのプレゼンテーションだから。

D職員 模型といえば、今回はマジンガーZ格納庫みたいにうちらで模型は作らないんですか？

C主任 1/100スケールにしても全長約3mあるからね、ちょっと持ち運べる大きさじゃなくなるかも。スケールをもっと小さくすると今度は列車が小さすぎて見劣りしてしまうし。

A部長 列車はNゲージじゃないとな！

D職員 今回はA部長が鉄道マニアだということもわかりましたね。

B主任 それにしても前回のプロジェクトが72億円で今回37億円って段々安うなっとるな。あとプロジェクトを3つくらいやると個人で買えるお値段のものが出てくるんちゃうか。

C主任 いや、たまたま安くなっただけですよ、狙ってそうしてるわけじゃありません。これはやってみなきゃ本当にわかんないんですからね。僕は最初120億円くらいはいくんじゃないかと思ってましたから。

B主任 37億だったら機械の体より安いんちゃうか。

エピローグ

C 主任
これは銀河鉄道株式会社さんが造った場合の見積もりですから、造る場所や条件が違えばお値段も工期も変わりますけどね。あと土地は発注者さんの敷地内で発注者さんが用意してくれるものと考えています。もしも土地が無いならその購入費から含めないといけないです。機械の体とどっちが高いかといわれると、どっちも普通の人じゃ無理ってところじゃないんでしょうか。

D 職員
A 部長
ホントですよ。
しかし紆余曲折があったProject 02もなんとか無事に終わって良かったよ。

B 主任
うちらもようやく終着駅ですわ。

こうして、前田建設ファンタジー営業部の第2弾プロジェクト「銀河鉄道株式会社様向け メガロポリス中央ステーション銀河超特急発着用高架橋工事」の計画が完了しました。

ファンタジー営業部、銀河鉄道999編もようやく終着駅に到着しました。TVシリーズ第112話「青春の幻影 さらば999（前編）」より

もしも、この本をご覧のどなたかが、前記の金額と工期を見てなお「本当に」銀河鉄道999の発車台を弊社へ発注して下さるのであれば、施工場所など諸条件に見合った計画に修正し、かつ必要となる諸実験費用も含めた上で実際に施工させていただきます。

「貴方のお庭から、アンドロメダへ」

前田建設工業株式会社　ファンタジー営業部

今回のプロジェクトでは入札方法が変わりました～総合評価方式

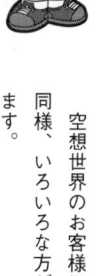

空想世界のお客様にも現実世界と同様、いろいろな方がいらっしゃいます。

Project 01 マジンガーZ格納庫の際には、ファンタジー営業部で作成したお見積書は光子力研究所の弓教授の元へ一般競争入札ということで提出させていただきました。弓教授は数社から出てきた見積もりを照らし合わせ、金額が安い会社へ仕事を発注することができます。

今回の Project 02 の銀河鉄道株式会社 建設局様では 20P の営業情報速報の「入札区分」の欄にある通り、一般競争に総合評価方式という条件が付けられてきました。これは何かというと、発注者さんが札入れされた内容について価格だけではなく、

それ以外の要素（例えば技術、性能、機能、安全性、環境への配慮など）も吟味して、総合的により有利な条件を示してきた会社を選ぶことができるというシステムです。

具体的には、技術などのプラス要因に対して加算点が与えられ、標準点＋加算点が持ち点となります。これを入札価格で割って算出したのが評価値で、これを比べて一番高い値になった入札者へお仕事が落札されます。ということは価格を最安値で入札していても、他社で価格がほとんど変わらず技術点がより多く加算されたところがあれば評価値の比較で後者へと落札される可能性が出てきます。今回の999の発車台のように難しい物件では、価格競争で安

かろう悪かろうになってしまわないための予防策として、銀河鉄道株式会社さんとしては総合評価方式にする必要があったのかもしれません。ちなみに落札の基準が公正で透明性があることから、建設業界だけではなく近年多くの分野で採用されてきています。

- もしも入札が総合評価方式になった場合には、建設会社ではその対策として、加算点を多く獲得するために標準的な工法を用いるよりもむしろ独自の技術提案を盛り込む必要が

あります。

弊社も今回のプロジェクトでは、（1）橋脚の施工方法にREED工法、（2）REED工法の組み立てに遠隔操作システム、（3）使用するコンクリートに軽量S・Q・C（スーパー・クオリティ・コンクリート）、（4）制振にアクティブ・マス・ダンパー、などなどのアイデアを積極的に導入しています。これらは特殊な工法ですので使用することで必ずしも価格的に安くなるものばかりではありません。しかし、橋脚をスリム化し、安全に、高い品質で

実現するために必要であると判断し採用を決めたものばかりです。

- 各社で持っている技術は違うので、どこにどのような特色を出すかは千差万別です。Project O2が前回に比べかなり前田建設の独自色が濃い内容で計画されているのはそのためです。

なお、一般競争入札では期限までに入札したのが1社しか無ければ、自動的にその会社へ落札されることを補足させていただきます。空想世界対話装置が前田建設にしかないことを祈るばかりです。

あとがき

「前田建設ファンタジー営業部」は、2003年2月から前田建設工業（株）のホームページ上に掲載されているWeb企画です。本著はその第2弾・銀河鉄道999編（2003年11月〜2004年10月まで毎月連載）に加筆修正したものです。

連載当時は先行きが見えずに毎月の原稿を書いており、前に言ったことが後で撤回されたりしていたので、ストーリーラインを整理しました。またコラムとして、2005年の日本SF大会（HAMACON2）でこの銀河鉄道999編のプレゼンテーションを行った際にギャラリーの皆さんから反応が大きかった裏話を加えました。

なぜ第2弾として銀河鉄道999を題材に選んだのかとよく聞かれます。この理由は2つあります。ひとつは、第1弾が地下を掘ったということだから第2弾では空に高くそびえるものをということ。土木の次は建築の分野からということで超高層ビルが挙げられましたが、現実には無理なんじゃないかと読者に思わせることができる大きなスケールのものは現状でも本当に不可能だったので、土木の花形である橋に着目しました。もうひとつは、第1弾のマジンガーZ編に対して読者の方々から「おもしろいけど作品が古い。もっと新しい

アニメを」という意見を多くいただいたため、題材を5年新しくし、またメンバーの個人的趣味に合致した作品をと考え抜き、銀河鉄道999に決めたわけなのです。これに対してWebの読者からは「これでも古い」「制作者の年齢層が透けて見える」という反響をいただいております。

このように毎月更新するたびに、読者の皆さんのご意見をタイムリーに聞くことができるというのは大変ありがたいことでした。自分たちでは気づかなかったことへの指摘や応援など、自主活動で始まったばかりの当初は特に、読者からのメールに大変励まされました。この場を借りて御礼申し上げます。

この企画は読み物として一方向の情報発信になっていますが、インターネットの双方向性のお陰で読者からいただくことができた反響を見ているうちに、相互的な「エンドユーザーとのコミュニケーション」の重要性を強く感じるようになりました。

建設業界では、直接のお客様（発注者）の要望によって様々な構造物を建設します。しかし実際に使用するのは、公共施設でもマンションでも、ほとんどの場合発注者よりもそれ以外のユーザーの方々です。発注者のニーズだけでなく、ユーザーにとって使いやすいものでなければ良いものを造ったことになりません。すなわち全てのユーザーが建設会社にとってのステークホルダー（利害関係者）なのです。

したがって皆さまとのコミュニケーションを積極的に図り、利用しやすく価値のある物を提供していくことが今後の建設業の中では特に重視されてゆくはずであり、例えばこのファンタジー営業部のようなインターネットというメディアを活かした形からそういうことが出来るようになればと考えています。

今後とも本書をお読みいただいた皆様方から、ご意見ご感想をいただければ幸いです。

この本の制作に関しては、非常に多くの方のご協力をいただきました。まずは、Webでの公開時からこの企画の書籍化をご提案くださり、最後までその意志を貫いてくださった幻冬舎の皆様に感謝いたします。また銀河鉄道999を題材として使用することに快諾いただいた松本零士先生と東映アニメーション（株）の皆様、韓国語版発刊にご尽力いただいているスタジオボーンフリーの皆様、そして最後に社員の一方的な思いつきの企画であったファンタジー営業部を承認し、名前を冠して世に出すことを許可してくれた前田建設に感謝いたします。

平成19年7月
前田建設ファンタジー営業部一同

前田建設ファンタジー営業部 Neo

編集後記

(五十音順)

　ついに待望の999編が書籍化！ Webでの連載が本になり、こうして手に取る事ができる「リアルなモノ」になると、嬉しさと喜びでいっぱいです。

　メーテルの写真にワクワク・ドキドキしたことや、最高到達点99.9mと強引に決定したことなど連載時の思い出はつきません。

　現在は人事部に異動し、採用を担当していますが、採用試験の過程で学生さんから「ファンタジー営業部がきっかけで前田建設を知りました！」と声をかけられる事や、志望動機に「ファンタジー営業部のような部がある会社で働きたい」と書いてある履歴書が多数。こんなところにもファンタジー営業部効果があったのか！ と驚きの日々です。

　我々の仕事は「夢を形にする仕事」。こんな夢のようなプロジェクトを大真面目に検討しました。999編から「ものづくり」の楽しさを少しでも感じていただければ幸いです。

(伊藤彩子)

　連載直後に私が本業多忙となり、野本君を中心にがんばってもらった成果がこの999編です。あの頃を懐かしく、遥か昔に感じてしまうのは野本君がお父さんになったからでも、999編終了から2年以上経過したからでもなく、残念なことに弊社を含む建設業界が今また「難しい局面」にあるからでしょう。皆様には大変なご心配、ご迷惑をおかけしました。そのような中、松本先生や東映アニメーションさんはじめ、今回も多くの方のご理解、ご支援をいただきました。ありがとうございました。

　たとえ先の見えない長大トンネルだろうと、抜けるためには999号のごとく驀進するしかなく、いつかこのあとがきが懐かしくなる日が来ることを信じるのみ、です。

(岩坂照之)

「建設業の信頼回復」の以前に、まずは建設業の仕事の内容やどんな人がそれを行っているのかなどをもっといろんな人に知ってもらいたいという純粋な気持ちで始めた自主活動。この内容が新聞、雑誌、ＴＶなど多くのメディアに取り上げられ、書籍となって店頭に並ぶことになったのも、この企画に関わってくださった全ての方と、実際にこの内容を読んでくださった方々のおかげです。ありがとうございます。

Webでの公開から出版までの間に公共投資は毎年削減され、公共工事品確法の制定、独禁法の改正や入札契約制度改革など建設業を取り巻く社会環境が大きく変化しました。この変化に対応するため、従来型の建設業から脱皮し、新たな建設業のあり方を模索し、利用者の皆様と一緒に、夢と魅力ある社会を築いていきたいと思います。

(上田康浩)

999編の制作に関し、一番印象に残っているのは「橋脚の高さを何mに設定するか」と話し合った時のこと。スタッフの一人が「999だけに……99.9mだろう！」。(えっ、999mじゃないの??)と仰天しながらも、(そうよね、その高さだよね、だったら作れるね！)と納得。こういう強引かつ柔軟な思考を積み重ね、999編がようやく終着駅（本の出版）に着き、とてもうれしく思います。

子供の頃、家族みんなで夢中になった999。大人になっても、その魅力は色褪せるどころか、より輝き、惹きつけられています。同じく、999編制作にかけた情熱と時間も、輝いたまま生涯大事な思い出として残ることと思います。

松本先生、東映アニメーションの皆様、そしてこの本をお買い上げくださった皆様。本当にありがとうございました。

(野中桃子)

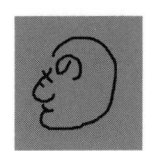

Web版・書籍版の執筆担当として言いたいことは本文中で完全燃焼しました。本当は模型まで造りたかったのですが、1/100スケールでも3mを超える長さになるし、部材が細くて持ち運びの衝撃に堪えられない（本文中で検討した地震の比じゃない、模型にはダンパー入れられないし）ので断念しました。あしからず。

最後の最後に。本著を息子に捧げます。この企画がなければ父と母は出会わなかったでしょう。もしも将来タイムマシンに乗ることがあるならば、2001年に戻って岩坂おじさんにこの企画を提案してきてください。あと2004年に戻ってProject02の原稿を毎週末になると喫茶店に籠もって必死で書いていた父に、もう少しで人生最大のご褒美が届くことを教えてあげてください。

(野本康介)

本著は前田建設公式サイトにて公開されている
「前田建設ファンタジー営業部」Project02 銀河鉄道999編を
大幅に加筆・修正したものです。

http://www.maeda.co.jp/fantasy/

【企画】	野本康介／岩坂照之
【構成】	野本康介／岩坂照之／上田康浩
【取材・撮影・執筆】	野本康介／岩坂照之／上田康浩／野中桃子／伊藤彩子
【校正】	野中桃子／野本康介／上田康浩
【渉外】	上田康浩／野本康介／岩坂照之
【監理】	尾崎仁／真田寿一 （以上、前田建設工業株式会社）
【技術監修】	石橋忠良（東日本旅客鉄道株式会社） 岩淵義克（JFE工建株式会社） 西澤信二（JFEスチール株式会社） 伊谷孝夫／笹島圭輔／山口雅也（三菱重工業株式会社） 今西秀公／内田治文／亀田真加／川本伸司／田畑稔／高橋裕之／ 立道郁生／前田真／松葉裕／山根薫（前田建設工業株式会社）
【企画協力】	松本零士 堀毛敦子（東映アニメーション株式会社） 株式会社マイクロエース
【Web意匠＆制作】	熊倉圭介／山本拓也／奥野耕司（株式会社あとらす二十一）
【書籍編集】	穂原俊二（株式会社幻冬舎）／岩根彰子

「銀河鉄道999」All rights reserved ©松本零士・東映アニメーション

前田建設ファンタジー営業部
Neo

2007年7月10日 第1刷発行

著 者	前田建設工業株式会社
発行者	見城 徹
発行所	株式会社 幻冬舎
	〒151-0051東京都渋谷区千駄ヶ谷4-9-7
電 話	03-5411-6211（編集）
	03-5411-6222（営業）
振替	00120-8-767643
印刷・製本所	株式会社 光邦

検印廃止

万一、落丁乱丁のある場合は送料小社負担でお取替致します。小社宛にお送り下さい。本書の一部あるいは全部を無断で複写複製することは、法律で認められた場合を除き、著作権の侵害となります。定価はカバーに表示してあります。

© MAEDA CORPORATION, GENTOSHA 2007
Printed in Japan ISBN978-4-344-01349-0 C0095
幻冬舎ホームページアドレス http://www.gentosha.co.jp/

この本に関するご意見・ご感想をメールでお寄せいただく場合は、comment@gentosha.co.jpまで。